学びたい
知っておきたい
統計的方法

まずは はじめの一歩から

竹士 伊知郎 著

日科技連

は じ め に

　私たちは，各種の統計的方法を使って「品質管理」を行っている．

　品質管理が目的なので，手段である統計的方法は使い方だけを知っておけば十分，という方もおられるだろう．

　また一方で，いくら手段や道具といっても，本質を理解したうえで応用のきく上手な使い方をしたいと思われている方も少なくないだろう．

　統計を学ぼうとする人たちが，最初にぶつかる壁が，この分野特有の"母数，統計量，確率，分布，期待値，分散"といった用語だろう．さらに追い討ちをかけるのが，「検定・推定」での，"帰無仮説，対立仮説，有意水準，棄却域，検出力"などの，意味の理解しづらい，他では聞いたことのない用語の数々である．

　ここで不十分な理解のまま進めてしまうと，各種統計的方法の教科書的な手順に従った使用はできたとしても，実際の仕事で複雑な適用場面に応じて，上手に使うことは困難となる．なぜなら，実験計画法，回帰分析などの比較的高度な統計的方法も，すべて「検定・推定」の考え方を出発点にしているからである．

　本書は，筆者の長年の統計的品質管理に関する講義などの経験を活かし，統計的方法の基礎的な考え方や，各種の手法を理解する前提となる知識など，「わかりにくいものをわかりやすく」まとめることを目指した．さらに実践ですぐ使えるよう，各種手法の手順を示している．

　本書は少々変わった体裁になっていて，章ごとに「まずはここから」編と「もっとくわしく」編に分かれている．読者の立場や要求に応じて，以下の3通りの読み方ができる．

　① 「統計的方法の基礎から学び，検定推定はもちろん，実験計画法，回帰分析などの手法を日常の業務で使えるようにしたい」という方は，「まず

はここから」編と「もっとくわしく」編を続けて読み進んでいただきたい.

② 「統計的方法の基礎や考え方は十分理解しているので，すぐ使える数式や手順など，必要なものがまとまっているテキストが欲しい」という方は，「もっとくわしく」編を中心に見ていただければよい.

また，そんな方は「もっとくわしく」編の随所に顔を出す【もっと知りたい】にも注目してほしい. ここに書かれていることは，過去に筆者の講義を受けたり，著作を読んだりした方からいただいた「質問と回答」が基になっている. テキストの本編に疑問をもった際には，【もっと知りたい】もぜひ参照してほしい.

③ 「統計的方法の難しい数式は勘弁してほしい，でもその考え方は知っておきたい」という方は，「まずはここから」編だけを読んでもらえばよい. 部下に「そんなことも知らないの？」といい格好をしたい上司にもお勧めである.

2005年から始まり，現在，品質管理に関して保有している知識を客観的に評価するものとして一般に広く定着した「品質管理検定（QC検定）」では，1級から4級までの級が設定されている. しかし，「3級まではなんとか合格したが2級はかなり難しい」という「2級の壁」があるといわれている. これは，2級からは「統計的方法」に関する相当の知識が求められることに起因すると考えられる. 小手先の学習では合格は厳しく，きちんとした体系的な学習が不可欠である. 本書は，2級合格を目指す方が「2級の壁」を乗り越えるための最適な書であると信じている.

本書は，2012年10月発行の品質月間テキスト『学びたい 知っておきたい 統計的方法 はじめの一歩』を，大幅に加筆して単行本化したものである. 本書の出版に際し大変お世話になった㈱日科技連出版社 戸羽節文社長，石田新係長，また品質月間テキストでお世話になった，同社 蘭田俊江部長（当時）に心より感謝申し上げる.

はじめに

　本書が，多くの皆さんの統計的方法を上手に使って「品質管理」を行うことへの一助になればと願っている．

　さあ，統計的方法の森へ　一歩を踏み出そう！

2018 年 6 月

紫陽花の日々の変化(へんげ)をめでつつ

竹士　伊知郎

目　　　次

はじめに　　iii

第 1 章　母集団とサンプル ……………………………………………… I

まずはここから
1.1 調べたいものと調べるもの──母集団とサンプル　　2
1.2 どう調べる──サンプリングと誤差　　3

もっとくわしく
1.3 母集団とサンプル　　5
1.4 サンプリングと誤差　　6

第 2 章　確率変数と確率分布 ……………………………………… 7

まずはここから
2.1 とってみなけりゃわからない──確率変数と確率分布　　8
2.2 集まりの中心とばらつき──期待値と分散　　8

もっとくわしく
2.3 確率変数と確率分布　　12
2.4 期待値と分散　　13

第 3 章　母集団の分布 ……………………………………………… 17

まずはここから
3.1 中心にたくさん集まる──正規分布　　18

もっとくわしく
3.2 正規分布　　21

viii 目　次

第4章　基本統計量 ···································· 27

まずはここから

4.1 とったものの中心とばらつき──基本統計量　28

もっとくわしく

4.2 基本統計量　30

第5章　統計量の分布 ································· 41

まずはここから

5.1 平均値がばらつく──統計量の分布：平均値の分布　42

5.2 ばらつきもばらつく──統計量の分布：平方和の分布　43

もっとくわしく

5.3 統計量の分布──平均値 $\bar{x}$ の分布（正規分布），平均値 $\bar{x}$ の分布（t 分布）　44

5.4 統計量の分布──平方和 S の分布（χ^2 分布），分散比 F の分布（F 分布）　47

第6章　検定と推定 ································· 51

まずはここから

6.1 調べたものから判断する──検定の手順　52

6.2 調べたものから推しはかる──推定の手順　56

もっとくわしく

6.3 検定の手順　58

6.4 推定の手順　63

6.5 計量値の検定・推定　64

第7章　実験計画法 ································· 81

まずはここから

7.1 結果をもたらす原因を調べる──実験計画法　82

7.2 原因は1つ──一元配置実験　83

7.3 原因は2つ──二元配置実験　84

目　　次　　　　　　　　　　　　　　ix

もっとくわしく

7.4 実験計画法　　86

7.5 一元配置実験　　89

7.6 二元配置実験　　97

7.7 その他の実験計画法　　114

第8章　管理図 ··· 117

まずはここから

8.1 時間にともなう変化をとらえる──管理図　　118

もっとくわしく

8.2 管理図　　120

8.3 計量値の管理図　　121

第9章　相関分析と回帰分析 ················· 131

まずはここから

9.1 2つの変数の関係を見る──相関分析　　132

9.2 1つの変数で変化を説明する──単回帰分析　　133

もっとくわしく

9.3 相関分析　　136

9.4 単回帰分析　　143

付表　　153

参考・引用文献　　161

索引　　162

母集団とサンプル

まずはここから

管理の対象となる母集団と母集団の情報を得るためのサンプルの違い，母集団の情報を正しく得るためのサンプリングについて学ぶ．

もっとくわしく

有限母集団と無限母集団，ランダムサンプリングの重要性と誤差について学ぶ．

まずはここから

1.1 調べたいものと調べるもの —— 母集団とサンプル

　私たちが，ものごとを管理する，あるいは何か調べたいというその対象は何だろう？

　今日，製造した製品の品質がよければ，それでよしというわけではない．私たちの活動は，空間的にも時間的にもかなりの拡がりをもって行われるものである．したがって，明日製造される製品，いや来月製造される製品の品質も大変重要である．すなわち，製品を製造する工程そのものが管理の対象となると考える．

　世論調査というものがある．例えば，時の内閣の支持率というような調査がしばしば行われるが，新聞社や放送局から電話がかかってきたという経験をおもちの方もおられるであろう．調査結果は公表されるが，アンケートに答えた個人名は公表されない．それは，もちろん個人の情報といった問題もあるが，実はだれの調査結果かということは，まったく意味のないことだからである．

　世論調査の対象は，例えば「全国の有権者」という無数で永続的ともいえる集まりを対象にしている．それに対し今回たまたまアンケートを依頼された人は，「全国の有権者」の代表で，いわば「標本」ということになるが，その標本は残念ながら今回限りで，必要な情報（支持するかしないか？）をとってしまえばそれで役目は終わりである．

　品質管理でも，管理の対象となる調べたいものとその情報を得るために調べるものを区別して考える必要がある．調査や管理の対象となる集団を**母集団**，母集団の情報を得るために調べるものを**サンプル**(**標本**)と呼ぶ．

　このように，サンプルによって母集団を推測するということが，統計的方法の基本であり，このことが，統計的方法の便利さ，複雑さ，そして面白さをもたらしているのである．

1.2 どう調べる──サンプリングと誤差

　管理や調査の対象になる母集団の情報を正しく得るためには，それらを正しく代表するサンプルをとらなければならない．

　内閣支持率の調査を，首相の地元だけで実施すれば，かなりの高支持率が期待されるが，それでは「国内の有権者すべて」を正しく代表しているとはいえないだろう．

　また，おみそ汁の味見をすることを考えてみる．おみそ汁をなべの中でしばらく放置すると，みそが底のほうに沈み，表層とは味が異なってしまうことを私たちは経験的に知っている．そこで，味見をする前になべの中をおたまでかき回し，なべの中のおみそ汁の味が均一になってから，おたまでひとすくいし味見をする．これがサンプルである．ここでのポイントは，管理の対象すなわち母集団がどこをとっても「均一」になっているということである．

　では，母集団が均一になっていなければ，正しいサンプルはとれないのだろうか？　おみそ汁のように対象を均一にする操作ができないときにはどうすればよいのだろう．

　母集団を構成している一つひとつ(有権者一人ひとりであり，なべの中のおみ汁である)は均一ではなく，ばらばらである．しかし，ばらばらであったとしても，母集団を代表するサンプルをとればいいのだから，すべての「一つひとつ」がサンプルとして選ばれるチャンスが同じになるようにすればよいのである．このようなサンプルのとり方を**ランダムサンプリング**という．こうすれば，均一な集団でなくても，母集団を代表するサンプルを正しくとることができる．

　すなわち，管理や調査の対象となるものの情報を正しく得るためには，まずサンプルのとり方が極めて重要であるということができる．

　もうひとつ，サンプルのとり方をいかに工夫しても，とるたびに異なるものがとられるということ(**誤差**という)にも注意が必要である．

第1章 母集団とサンプル

知っておきたい

- 管理や調査の対象は母集団である.
- 母集団のすべてを調査することは困難であるので，母集団からサンプルをとることによって母集団を推測する.
- 母集団を正しく代表するサンプルをとることが重要.
- サンプルはとるたびに異なることに注意.

もっとくわしく

1.3 母集団とサンプル

私たちは，**サンプル(標本)**をとって特性を測定し，データを得る．その目的は，標本に対して処置をすることではなく，その背後にある**母集団**に関する情報を得て，処置を行うことにある．

すなわち，母集団とは，処置を行おうとする対象の集団であり，そのために母集団に関する情報を得ようとする目的をもって抜き取ったものをサンプルと呼ぶ．サンプルは，標本や試料とも呼ぶ．

工程管理のように処置の対象が工程である場合は，母集団を構成するものの数が無限であると考えられるので，**無限母集団**という．一方，ロットの合否を抜取検査で判断するような場合は，処置の対象がロットという母集団であり，それを構成するものの数が有限であるので，**有限母集団**という．

無限母集団と有限母集団の場合の，母集団とサンプルの関係を**図1.1**に示す．

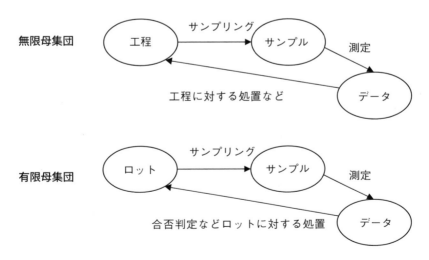

図1.1　母集団とサンプルの関係

1.4 サンプリングと誤差

(1) ランダムサンプリング

サンプルを採取する場合には，その母集団を代表するサンプルをとるようにしなければならない．

普通は，**ランダムサンプリング**という方法が用いられる．母集団を代表するサンプルをとり，統計的手法を用いてデータを処理するためには，正しいサンプリング方法，すなわちランダムサンプリングが重要である．

ランダムサンプリングとは，「でたらめに」，「適当に」サンプリングを行うことではなく，母集団を構成するものが，すべて同じ確率でサンプルとなるようサンプリングすることである．例えば，製品100本が1箱に入っているとして，この中から5本をサンプリングする場合を考える．「適当に」サンプリングを行うと，箱のなかの取りやすい場所にあるびんが選ばれることが多くなるだろう．また，上下二段に詰めてあるようなときには，下段からサンプリングをされることは少ないであろう．このようなサンプリングのかたよりを防ぐには，ランダムサンプリングが必要である．具体的な手順としては，あらかじめサンプリングの対象となるものすべてに番号をつけておき，乱数表や関数電卓などで発生させた乱数で得られた数の番号に当たったものをサンプルとして採取する．なお，実務の場面では，このような単純ランダムサンプリングは実施が困難な場合がある．このため，2段サンプリング，層別サンプリング，集落サンプリング，系統サンプリングなどのサンプリング法が用意されている．

(2) 誤差

私たちが工程やロットからサンプルを採取する場合，採取するたびにサンプルが異なるため，サンプル間のばらつきが生じる．また，サンプルの特性を測定する場合も，測定ごとに同じデータが出るとは限らず，測定のばらつきが生じる．このようなばらつきについて，サンプル間のばらつきを**サンプリング誤差**，測定のばらつきを**測定誤差**と呼ぶ．

確率変数と確率分布

まずはここから

　確率変数と確率分布の意味，期待値・分散とその性質，分散の加法性について学ぶ．

もっとくわしく

　連続型確率変数の確率分布，確率変数の期待値と分散の性質，共分散について学ぶ．

第2章　確率変数と確率分布

まずはここから

2.1　とってみなけりゃわからない——確率変数と確率分布

　母集団からサンプルをとるたびに，そのサンプルは異なり，値はばらつくことを学んだ．では，同じ母集団からとられたデータの一つひとつやその全体の様子には，何か性質や規則のようなものはないのだろうか？

　統計学では，これらを「**確率変数**」とその**分布**である「**確率分布**」と呼ぶ．確率変数とは，「とってみないとわからない，とるたびに異なる値のこと」，分布は，「ばらつきを持った集団の姿，形」なので，確率分布は，「確率変数の集団としての性質や規則性を示すもの」ということである．

　こんなややこしい用語は忘れても大して問題はないのだが，次に示す確率変数・確率分布の性質は知っておくと役に立つことが多い．

　確率変数・確率分布の性質：

- どんな値でもそれが現れる割合は 0 以上である

　これは当然で，負にはならないということである．

- 取りうる値の範囲の全体は 100%，つまり 1

　これも当たり前であろう．K 大学の 1 年生男子の身長は，最も低い身長から，最も高い身長の範囲に全員の身長が入るということである．

- ある値からある値の範囲に入る割合は全体を 1 としたときの面積の割合で示される．

　いわゆる積分である．身長 160cm から 170cm の人は全体の 35% であるというような状態を示す．

2.2　集まりの中心とばらつき——期待値と分散

　確率変数の中心の値である**期待値**と拡がり具合（ばらつき）を表す**分散**は，以下のように求めることができる．これによって，確率変数の全体の様子を示す

2.2 集まりの中心とばらつき——期待値と分散

ことができるのである.

期待値とは：

いわゆる平均値と考えてよい. 全部を足して合計し, その数で割れば求まる.

分散とは：

ばらつきを表すものである. 個々のデータの平均値からの差(偏差と呼ぶ)を調べればよさそうだが, これらをすべて足すと0になってしまうので, "**個々のデータの平均値からの差を2乗**"したもの, すなわち**偏差の2乗の平均値を分散**という.

また, 期待値と分散には以下の性質がある.

期待値の性質：

- 確率変数を定数倍したものの期待値は, 元の期待値を定数倍したものになる.

  部品の寸法をあらかじめ2倍したものの期待値は, 元の期待値である100mmの2倍である200mmになるということである.

- 確率変数に定数を足したものの期待値は, 元の期待値に定数を足したものになる.

  部品寸法にあらかじめ10mm足したものの期待値は, 元の期待値である100mmに10mmを足した110mmになるということである.

- 2つの確率変数を加えたものの期待値は, それぞれの期待値の和になる.

  2つの部品をつなげた全体の寸法の期待値は, それぞれの期待値100mmと200mmの和である300mmになるということである.

分散の性質：

- 確率変数を定数倍したものの分散は, 元の分散を定数の2乗倍したものになる.

  部品寸法をあらかじめ2倍したものの分散は, 元の分散である$(10\text{mm})^2$の2^2倍の$(20\text{mm})^2$になるということである.

- 確率変数に定数を足したものの分散は, 元の分散と変わらない.

部品寸法にあらかじめ10mm足したものの分散は，元の分散である$(10\text{mm})^2$と変わらないということである．
- 2つの**独立**な確率変数を加えたものの分散は，それぞれの分散の和になる．

2つの部品をつなげた全体の寸法の分散は，それぞれの分散$(10\text{mm})^2$と$(20\text{mm})^2$の和である$(22.4\text{mm})^2$になるということである．
ここで独立というのは，互いに影響しないといった意味である．2つの部品をつなげるときに，片方が大きめなので，もう一方は小さめのものを組み合わせておく，といったことをまったく考えずに組み合わせていくということである．

この性質は，「**分散の加法性**」と呼ばれ，重要なものである．
次に，独立である，または独立ではないというのはどういう場合かを説明する．
A，B 2種類の木工部材があり，この2つを組み合わせてCの木工製品を作る工程がある（**図 2.1**）．

図 2.1　木工部材の組合せ

A，Bはそれぞれの工程で製造され，別々の袋に入れられている．組合せ作業は人が行っており，それぞれの袋からA，Bを取り出し，組み合わせてCとする．A，Bの長さはばらつきをもっているとする．
- ベテラン作業者のSさんは，AとBの袋から，それぞれ短めのものには長めのものを，長めのものには短めのものを選び出して組み合わせている．
- 新人のFさんは，AとBの袋から，それぞれ何も考えずに取り出して組み合わせている．

2.2 集まりの中心とばらつき──期待値と分散

- 少しあまのじゃくなＮさんは，ＡとＢの袋から，それぞれ短めのものには短めのものを，長めのものには長めのものを選び出して組み合わせている．

このとき，3人の作ったＣの長さのばらつきはどうなるだろう．ちょっと考えればわかると思うが，正解は，Ｓさんのばらつきが最も小さく，Ｆさん，Ｎさんの順にばらつきが大きくなる．

Ｆさんのケースが独立と呼ばれる場合で，他の2人の場合は独立ではない．

ＳさんやＮさんのように2つの確率変数間に関係がある場合，その強さを表す量を**共分散**という．共分散は分散と異なり，正，負両方の値をとる．共分散は，Ｓさんの場合は負の値，Ｆさんは0，Ｎさんの場合は正の値となる．共分散は単位の取り方によって変動するので，不都合な場合がある．そこで，各変数の単位に依存しない**相関係数**を考える場合がある．Ｓさんの場合は負の相関，Ｆさんは無相関，Ｎさんの場合は正の相関となる．

知っておきたい

- 母集団の分布も確率分布である．
- 確率分布の特徴を表すものには，期待値(平均値)と分散がある．
- 分散には加法性という重要な性質がある．
- 2つの確率変数の関係の強さを表すには，共分散，相関係数を用いる．

もっとくわしく

2.3 確率変数と確率分布

母集団からサンプルを抜き取り，その品質特性を測定してデータが得られる．また，サンプルを抜き取るたびにデータは必ずばらつく．このようにサンプリングをして測定しないと値が確定しない性質をもつ量や数のことを**確率変数**といい，確率変数 X がそれぞれの値をとる確率を表現したものを**確率分布**という（図 2.2）．

（1） 連続型確率変数

取りうる値が連続的な確率分布は**確率密度関数** $f(x)$ を用いて表現され，以下のような性質がある．

① $f(x) \geqq 0$
② ある区間 (a, b) にデータが入る割合（確率）を $\Pr(a < x \leqq b)$ とすれば，

$$\Pr(a < x \leqq b) = \int_a^b f(x)\,dx$$

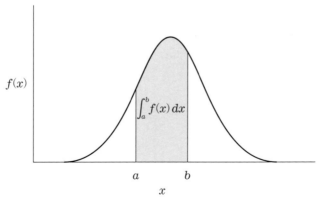

図 2.2　確率分布

③ $\displaystyle\int_{-\infty}^{\infty} f(x)\,dx = 1$

このような確率変数を**連続型確率変数**という.

2.4 期待値と分散

期待値と**分散**は,統計的手法で必ず用いられる基本的な概念であり,確率分布においてはその分布の特徴を示す.これらの量を求めておけば,分布のおおよその様子を表すことができる.確率分布の中心を示すものが期待値(平均)$E(X)$であり,確率分布のばらつきを示すものが分散$V(X)$である.

もっとくわしく

(1) 期待値
確率変数の期待値は,確率変数の平均値と解釈できる.一般に,**母平均**と呼び,μ で表す.

1) 連続型確率変数の場合
品質特性が計量値である連続型確率変数の場合の期待値(平均)$E(X)$は,以下のように求められる.

$$E(X) = \int_{-\infty}^{\infty} xf(x)\,dx = \mu$$

同様に,確率変数 X の関数 $g(X)$ の期待値も

$$E\{g(X)\} = \int_{-\infty}^{\infty} g(x)f(x)\,dx$$

となる.

2) 期待値の性質
期待値には下記の性質があり,極めて重要である.X, Y を確率変数,a, b を定数とすると,

$$E(aX + b) = aE(X) + b$$
$$E(aX + bY) = aE(X) + bE(Y)$$

が成立する．すなわち，

- 確率変数を定数倍したものの期待値は，元の期待値の定数倍
- 確率変数に定数を加減したものの期待値は，元の期待値に定数を加減する
- 確率変数の和（差）の期待値は，それぞれの期待値の和（差）になる

となる．

(2) 分散

1) 分散

分布のばらつきを表すものが分散である．ばらつきは期待値 μ からの偏差 $(X-\mu)$ を調べればよいが，$(X-\mu)$ の期待値は常に 0 になってしまうので，偏差を 2 乗したものの期待値を X の分散として $V(X)$ と表す．一般に，確率変数の分散を**母分散**と呼び，σ^2 で表す．

$$V(X) = E\{(X-\mu)^2\} = \sigma^2$$

また，

$$V(X) = E\{(X-\mu)^2\} = E(X^2) - \mu^2$$

と変形して分散の計算を行うことも多い．

2) 標準偏差

分散は元のデータの単位の 2 乗となっているため，元の単位に戻すために平方根をとる．これを**標準偏差**といい，$D(X)$ で表す．確率変数の標準偏差を**母標準偏差**と呼び，σ で表す．

$$D(X) = \sqrt{V(X)} = \sqrt{E\{(X-\mu)^2\}} = \sigma$$

3) 共分散

2 つの確率変数の関係を表す量に共分散がある．共分散 $Cov(X, Y)$ は 2 つの確率変数 $X,\ Y$ の偏差の積の期待値である．

$$Cov(X, Y) = E\{(X-\mu_X)(Y-\mu_Y)\}$$

また，

$$Cov(X, Y) = E(XY) - \mu_X \mu_Y$$

と変形して用いられることも多い．

2.4 期待値と分散

　共分散は，2つの確率変数が互いに独立(互いに影響しないこと)ならば0になる．

4) 分散の性質

　分散には以下の性質がある．X, Y を確率変数，a, b を定数とすると，
$$V(aX+b) = a^2V(X)$$
が成立する．すなわち分散は，期待値の場合と異なり，確率変数 X に定数を加えても変わらない．また，分散は元の単位の2乗の単位となっているので，倍率が2乗で効いてくることに注意する．

　さらに，確率変数の和の分散は，
$$V(aX+bY) = a^2V(X) + b^2V(Y) + 2abCov(X, Y)$$
となる．特に X と Y が互いに独立であれば，$Cov(X, Y) = 0$ なので，
$$V(aX+bY) = a^2V(X) + b^2V(Y)$$
となる．この式から，分散は X，Y が互いに独立な確率変数の場合には，
$$V(X+Y) = V(X) + V(Y)$$
$$V(X-Y) = V(X) + V(Y)$$
が成り立つ．

　確率変数の和の分散はそれぞれの確率変数の分散の和に，確率変数の差の分散もそれぞれの確率変数の分散の和になるのである．これを**分散の加法性(加成性)**といい，極めて重要な性質である．互いに独立でない場合は，
$$V(X+Y) = V(X) + V(Y) + 2Cov(X, Y)$$
$$V(X-Y) = V(X) + V(Y) - 2Cov(X, Y)$$
となり，共分散 $Cov(X, Y)$ の項があるため，分散の加法性は成り立たない．

　共分散は正，負いずれの場合もあるので，互いに独立な場合に比べて，確率変数の和の分散は大きくなることも小さくなることもある．

　分散の性質をまとめると，

- 確率変数を定数倍したものの分散は，元の分散に定数の2乗をかける
- 確率変数に定数を加減したものの分散は，元の分散と変わらない
- 独立な確率変数の和(差)の分散は，それぞれの分散の和(常に和)になる

もっとくわしく

16　　第2章　確率変数と確率分布

となる.

【例題 2.1】

X と Y が互いに独立な確率変数であるとき,

$$V(3X+4Y-5) = \boxed{(1)}\ V(X) + \boxed{(2)}\ V(X) + \boxed{(3)}$$

$$V(3X-4Y+5) = \boxed{(4)}\ V(X) + \boxed{(5)}\ V(X) + \boxed{(6)}$$

となる.

【解答】

(1) 9　　　(2) 16　　　(3) 0　　　(4) 9　　　(5) 16　　　(6) 0

X と Y が互いに独立な確率変数であるとき $(a, b, c$ は定数$)$, 下記の性質がある.

$$E(aX + bY + c) = aE(X) + bE(Y) + c$$

$$V(aX + bY + c) = a^2V(X) + b^2V(Y)$$

上の式は, $a = 3$, $b = 4$, $c = -5$ の場合, 下の式は, $a = 3$, $b = -4$, $c = 5$ の場合なので, ともに $9V(X) + 16V(Y)$ となる.

母集団の分布

まずはここから

計量値の分布である正規分布と，正規分布の標準化，正規分布の確率についての概要を学ぶ．

もっとくわしく

正規分布表を用いた正規分布の確率計算について学ぶ．

まずはここから

3.1 中心にたくさん集まる──正規分布

　私たちの管理や調査の対象となる母集団は均一ではないという話をした．では，その集団の様子は，ばらばらでまったく見当のつかないものなのだろうか．先ほど学んだ確率分布の考えを取り入れれば，何か特徴や規則性のようなものが見えてきそうである．

　日本人20代一般男性の身長を考えてみる．昔に比べて日本人も大きくなったとはいえ，190cm以上の人は少ないだろう．逆に150cm以下の人も少ないだろう．160cmから180cmくらいの中に多くの人は入り，170cm前後の人が多そうである．

　私たちが工程で製造する製品の特性である寸法や重量などはかることのできる数値(**計量値**といい，連続した値である)は，先ほどの身長のデータと同じように中心付近の値が多く，中心から上のほうでも，下のほうでも少なくなっていく様子を示すことが知られている．

　横軸に寸法などをとり，縦軸に数(度数)をとると，中心が最も高く，左右とも中心から離れるほど低くなっていく富士山のような形になる．このような分布の形を**正規分布**という．

　このように，私たちが扱うデータには集団としての規則性や性質があると考えるのである．

　繰返しになるが，母集団の姿をつかむことが，品質管理では極めて重要である．ではさらに，このような母集団の様子をより具体的に表すには，全体の形は富士山のような形とわかっているのだから，中心の位置(期待値・平均)と，その拡がり具合(ばらつき，分散)がわかれば，何とかなりそうである．母集団の期待値を**母平均**，分散を**母分散**と呼び，ともに**母数**という．

　正規分布の場合も，第2章で示した期待値の性質や分散の性質が成り立つので，これらをうまく使えば，さまざまな期待値と分散の組合せをもつ正規分布

を適当な正規分布に変換することができる.

この代表的なものが, 期待値0, 分散 1^2 の**標準正規分布**と呼ばれるものである. 平均値を引いて, 標準偏差で割るという操作をすれば, あらゆる正規分布は標準正規分布に変換できる. この操作を**標準化**という. さらに正規分布表によって, あらゆる正規分布の確率を簡単に求めることができる.

正規分布表を使うと, 正規分布の値と確率の関係を自由に求めることができる. 誰もが電卓はもちろんパソコンも使える時代になっても, 「数値表」というアナログ的なものが使われているのは, 大変使い勝手がよくて便利であるからである.

正規分布表は主に2つの表がある. 正規分布の値からその確率を求める表と, 逆に正規分布の確率から正規分布の値を求める表である.

前者は, 「標準正規分布の値が2(これは, 正規分布に従う確率変数が"**平均＋2×標準偏差**"であることと同義)以上である確率は0.0228ですよ」などと読み取れる.

後者は, ある標準正規分布の値以上となる確率が0.05のとき, 「その値は1.645(これは, 正規分布に従う確率変数が"**平均＋1.645×標準偏差**"であることと同義)ですよ」と読み取れる.

これらを使えば, "**平均±3シグマ**"(**標準偏差のこと**)の範囲に入らない確率は約0.3%, すなわち千に三つだということもわかる.

また, 模試などでおなじみの「**偏差値**」も, この正規分布の変換の一種である. これは, 試験のたびに異なる平均値と分散を, 平均値50点, 標準偏差10点の正規分布に変換している. これによって, 偏差値50(標準正規分布でいうと0)なら真ん中(50%), 偏差値70(標準正規分布でいうと2)なら上位2〜3%(2.28%)ということが示されるのである.

第 3 章　母集団の分布

知っておきたい

- 母集団の分布を表すものを母数といい，母平均，母分散などがある.
- 計量値の母集団の分布として最も一般的で重要な分布が正規分布である.
- 正規分布は標準化によって標準正規分布に変換できる.
- 正規分布表によって正規分布の確率を求めることができる.

もっとくわしく

3.2 正規分布

(1) 正規分布

計量値の分布として最も重要で，一般的なものが**正規分布**である（図3.1）．正規分布は左右対称のひと山の富士山形（ベル形）の分布を示す．

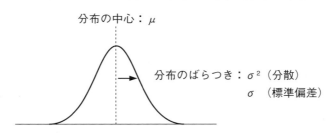

図3.1 正規分布の中心とばらつき

正規分布の確率密度関数 $f(x)$ は以下のようになり，定数 μ と σ によって分布の形が定まることがわかる．

$$f(x) = \frac{1}{\sqrt{2\pi}\sigma} e^{-\frac{(x-\mu)^2}{2\sigma^2}}$$

正規分布の期待値（平均）と分散は，

$$E(X) = \mu$$
$$V(X) = \sigma^2$$

となり，平均 μ，分散 σ^2（標準偏差 σ）の確率分布である．正規分布は $N(\mu, \sigma^2)$ と表現される．

(2) 標準正規分布

確率変数 X が $N(\mu, \sigma^2)$ に従うとき，X を $U = \dfrac{X-\mu}{\sigma}$ と変換すると，確率変数 U は $N(0, 1^2)$ に従う．この X を U に変換することを**標準化（規準化）**と

いい，μ を原点 0 とおき，σ 単位で目盛をふる操作をしていることになる．

正規分布は μ と σ の組合せによって分布が無数にあるが，標準化を行うことによって，すべての正規分布は μ，σ に無関係な正規分布に変換される．この正規分布を**標準正規分布**といい，$N(0, 1^2)$ で表す（図 3.2）．

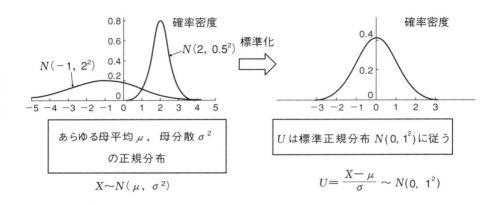

図 3.2 標準正規分布

もっと知りたい

標準化については，第 2 章で学んだ期待値と分散の性質を用いて下記のように説明できる．

確率変数 X の期待値は $E(X) = \mu$，分散は $V(X) = \sigma^2$ なので，U の式を $U = \dfrac{X-\mu}{\sigma} = \dfrac{1}{\sigma}X - \dfrac{\mu}{\sigma}$ と変形すると，確率変数 U の期待値と分散は，

$$E(V) = \frac{1}{\sigma}E(X) - \frac{\mu}{\sigma} = \frac{\mu}{\sigma} - \frac{\mu}{\sigma} = 0$$

$$V(U) = \frac{1}{\sigma^2}V(X) = \frac{\sigma^2}{\sigma^2} = 1^2$$

となる．

3.2 正規分布

（3） 正規分布表

標準正規分布において，標準化された確率変数 U がある値以上となる確率（**上側確率**）が P である値を K_P として，K_P と P の関係を表にしたものが正規分布表（Ⅰ），（Ⅱ）（**図 3.3，付表 1**）である．これらの表を用いて任意の正規分布について確率を求めることができる．

（4） 正規分布表の見方

正規分布表には，「K_P から P を求める表」，「P から K_P を求める表」などがある．いずれも $K_P \geqq 0$ の範囲しか記載がないが，標準正規分布は $u = 0$ に対して左右対称なので，**下側確率**（確率変数がある値以下となる確率）P に対応する値は $-K_P$ と求める．

① 正規分布表（Ⅰ）K_P から P を求める表

表の左の見出しは，K_P の値の小数点以下 1 桁目までの数値を表し，表の上の見出しは，小数点以下 2 桁目の数値を表す．表中の値は P の値を表す．例えば，$K_P = 1.96$ に対応する P の値は，表の左の見出しの 1.9* と，表の上の見出しの 6 が交差するところの値 0.0250 を読み，$P = 0.0250$ と求める．

② 正規分布表（Ⅱ）P から K_P を求める表

表の左の見出しは，P の値の小数点以下 1 桁目または 2 桁目までの数値を表し，表の上の見出しは，小数点以下 2 桁目または 3 桁目の数値を表す．表中の値は K_P の値を表す．例えば，$P = 0.05$ に対応する K_P は，表の左の見出しの 0.0* と，表の上の見出しの 5 が交差するところの値 1.645 を読み，$K_P = 1.645$ と求める．

この表では，$P = 0.025$ の値を読むことはできないので，正規分布表（Ⅰ）を用いて，①で示した逆の手順により，$P = 0.0250$ に対応する K_P の値を，$K_P = 1.96$ と求める．

もっとくわしく

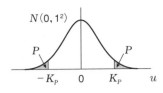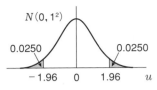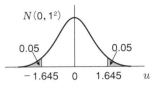

図 3.3　正規分布表（Ⅰ），（Ⅱ）

(5) 正規分布の確率

確率変数の値 x からその上側確率 P を求めるには，$u=(x-\mu)/\sigma$ によって標準正規分布に変換し，正規分布表（Ⅰ）の $K_P=u$ から上側確率 P を求める．

また，上側確率 P から確率変数の値 x を求めるには，正規分布表（Ⅱ）の上側確率 P から $K_P=u$ を求め，$x=\mu+u\sigma$ によって元の分布に変換する．

【例題 3.1】

精密樹脂部品を製造している工程がある．この部品は重量が重要特性で，母平均 10.000g，母標準偏差 0.010g の正規分布に従っているものとする．

① 部品をランダムに1個採取した．この部品の重量が，10.015g 以上である確率を求めよ．
② 不適合品の出る確率を 0.5% 以下にするには，標準偏差をいくつ以下にすればよいか．ただし，平均は変わらないとする．

【解答】

① 標準化を行う．

この操作は，10.015g が母平均 10.000g からどれだけ離れているか？

　　→ 10.015 − 10.000 = 0.015

それは母標準偏差でいくつ分か？

3.2 正規分布

$$\rightarrow \quad \frac{0.015}{0.010} = 1.50$$

と行われていると考えればよい.

すなわち,

$$u = \frac{10.015 - \mu}{\sigma} = \frac{10.015 - 10.000}{0.010} = 1.50$$

となる. 標準正規分布で 1.50 以上となる確率は, 正規分布表(Ⅰ)より $u = K_P$ = 1.50 から, $P = 0.0668$ と求まる.

よって求める確率は, 0.0668(6.68%)となる.

② 不適合品の出る確率が 0.5%($P = 0.005$)となる標準正規分布の値 $K_P = u$ は, 正規分布表(Ⅱ)より 2.576 となる. 本問の場合, 下側規格, 下側確率なので, $u = -2.576$ として標準化の式 $u = \dfrac{9.980 - \mu}{\sigma}$ から σ を求めると,

$$\sigma = \frac{9.980 - \mu}{\mu} = \frac{9.980 - 10.000}{-2.576} = 0.00776$$

となり, 母標準偏差を 0.00776g 以下にすればよい.

この操作は, 下限規格 9.980g が母平均 10.000g からどれだけ離れているか?

$$\rightarrow 9.980 - 10.000 = -0.020$$

それが母標準偏差で -2.576 個分なので母標準偏差は?

$$\rightarrow \sigma = \frac{-0.020}{-2.576} = 0.00776$$

と行われていると考えればよい.

もっとくわしく

第4章

基本統計量

まずはここから

サンプルの中心と拡がり具合を表す基本統計量について学ぶ.

もっとくわしく

分布の中心を表す基本統計量, 分布のばらつきを表す基本統計量, および工程能力指数について学ぶ.

まずはここから

4.1 とったものの中心とばらつき——基本統計量

さて，私たちが管理を行う対象になる母集団には姿や形に共通の特徴があることがわかった．計量値は一般に正規分布に従うということも学んだ．では，その母集団の姿を調査するために私たちがとってくるサンプルはどうだろうか？

サンプルはとるたびに異なるものになり，ばらばらである．では，サンプルをいくらとっても結局母集団の様子はわからないのだろうか？

第1章でふれたように，母集団を代表するサンプルを正しくとることができれば，そのサンプルは母集団の姿を写し取ってくれているはずである．したがって，このようなサンプルから得られる情報で母集団の姿・形を推測できると考える．

母集団の姿は中心の位置と，その拡がり具合で決まることを学んだ．ならば，その姿を写しているサンプルの中心の位置と，拡がり具合がわかれば，母集団の姿も見えてきそうである．

その前にサンプルの中心位置と拡がり具合の表し方（**統計量**と呼ぶ）を知っておこう．

中心位置を表すものには，よく知られている**平均値**のほか，データを小さいものから順番に並べたときに，中央の位置にくる値（**メディアン**または**中央値**）などがある．

拡がり具合を表すのは，平均値を基準にして，各データと平均値の差である**偏差**を考えればよさそうである．しかし，これはすべて足し合わせると 0 になってしまうので，例によって 2 乗する．すなわち偏差を 2 乗（平方）したものの和である**偏差平方和**を考える．さらに偏差平方和を（データ数 − 1）で割った**不偏分散**やその平方根である**標準偏差**なども拡がり具合を表す．標準偏差は元のデータと単位が同じなので，平均値と比較する場合などに都合がよい．他に

4.1 とったものの中心とばらつき——基本統計量 29

も，最大値と最小値の差である範囲や標準偏差の平均値に対する比率である**変動係数**なども拡がり具合を表すものである．

品質管理においては，製品の品質がその規格値に対して満足している状態なのかなど，工程のもつ質的な能力の把握が重要である．この工程のもつ製品の質的能力を**工程能力**という．工程能力を把握する方法として，工程のばらつきの大きさと製品規格の幅との関係を表す**工程能力指数**が用いられる．

工程能力指数は，"規格の幅／(6× 標準偏差)"などと計算される．

第3章で学んだように，正規分布に従うデータは"平均 ±3× 標準偏差"の範囲にほとんど入るので，"規格の幅／(6× 標準偏差)"が1であるということは，規格外れが発生する確率が小さいということになる．これが1以下になれば規格外れが発生する確率が大きくなり，逆に1以上になれば規格外れが発生する確率が小さくなるということが理解できるだろう．工程能力指数を計算することで，工程が安定状態であるのかを判断できる．

知っておきたい

- サンプルのデータのまとめ方(統計量)としては，中心の位置を表す平均値，メディアンが，拡がり具合を表す偏差平方和，不偏分散，標準偏差などがある．
- 工程の質的能力を示す尺度として，工程能力指数がある．

もっとくわしく

4.2 基本統計量

サンプルからデータをまとめる際に，それを数量的に表すことによって，客観的な判断，比較，推定などが可能となる．このような数量的な値を**統計量**といい，その中で基本的なものを**基本統計量**という．

データはばらつきをもっている．このようにばらついた状態のことを「データが分布をもっている」という．すなわち，分布の様子を知ることでデータからの情報を得ることができる．

分布の様子を数量的に表すには，分布の中心がどこにあるのか，分布のばらつきがどの程度なのかを知る必要があり，それぞれいくつかの基本統計量がある．

（1） 分布の中心を表す基本統計量

1） 平均値 $\overline{x}$

最も基本的な統計量で，算術平均ともいう．

**　　　平均値＝データの総和／データの数**

で求めることができる．

n 個のデータを x_1, x_2, x_3, $\cdots$, x_n とすると，次の式によって平均値 $\overline{x}$ を求めることができる．

$$\overline{x} = \frac{x_1 + x_2 + \cdots + x_n}{n} = \frac{\sum x_i}{n}$$

平均値は，通常データ数 n が 20 個くらいまでなら測定値の 1 桁下まで求め，20 個以上の場合は 2 桁下まで求めるのが一般的である．

2） メディアン（中央値） $\tilde{x}$

得られたデータを大きさの順に並べかえたときの中央の値．データの数が奇

数個のときは中央の値とし，偶数個のときは中央の2つの値の平均値とする．記号 $\tilde{x}$（または Me）で表される．一般的に，メディアンは平均値に比べ推定精度は劣るが，計算が簡便であることと，データに**異常値(外れ値)**がある場合に，その影響を受けないで分布の中心を知ることができるという利点がある．

(2) 分布のばらつきを表す基本統計量

1) （偏差）平方和 S

データのばらつき具合を見るには，まずは，おのおののデータ x_i と平均値 $\bar{x}$ との差に注目すればよい．この差 $(x_i-\bar{x})$ を**偏差**と呼ぶ．

ただし，偏差の総和は，以下の式でもわかるように，常に0になってしまうので，ばらつきの尺度にはならない．

$$\sum(x_i-\bar{x}) = \sum x_i - n\bar{x} = \sum x_i - n\frac{\sum x_i}{n} = \sum x_i - \sum x_i = 0$$

そこで，偏差を2乗（平方）したものの和を**（偏差）平方和 S** とし，

（偏差）平方和＝(各データの値－平均値)^2 の和

で求める．数式で表すと，

$$S = (x_1-\bar{x})^2 + (x_2-\bar{x})^2 + \cdots + (x_n-\bar{x})^2 = \sum(x_i-\bar{x})^2$$

となる．

また，この式を変形すると，

$$S = \sum(x_i-\bar{x})^2 = \sum x_i^2 - 2\sum x_i \cdot \bar{x} + \sum \bar{x}^2 = \sum x_i^2 - 2\bar{x}\sum x_i + \bar{x}^2\sum 1$$

$$= \sum x_i^2 - 2\frac{\sum x_i}{n} \cdot \sum x_i + n\left(\frac{\sum x_i}{n}\right)^2$$

$$= \sum x_i^2 - \frac{\left(\sum x_i\right)^2}{n}$$

となり，

    (偏差)平方和＝(各データの値)² の和－(各データの和)²／データ数

と求めることもできる．多くのデータから計算する場合にはこの方法が便利であることが多い．(偏差)平方和 S は分布の平均値から離れたデータが多いほど値が大きくなる．したがって，ばらつきが大きい場合には平方和の値も大きくなる．

2) (不偏)分散 V

平方和 S は，データのばらつきを表す統計量であるが，式からもわかるようにデータ数が大きくなると S の値も大きくなってしまう．同じ母集団から採取されたデータであるにもかかわらず，データの数によってばらつきの値が異なるのは不都合である．

そこで，データ数の影響を受けない尺度として(不偏)分散 V を用いる．

    分散＝平方和／(データ数－1)

で求める．数式で表すと，

$$V = \frac{S}{n-1} = \frac{\sum (x_i - \bar{x})^2}{n-1} = \frac{\sum x_i^2 - \dfrac{\left(\sum x_i\right)^2}{n}}{n-1}$$

となる．

もっと知りたい

ここで，分散の計算式の分母が，なぜ n ではなく $n-1$ なのかについて述べる．

仮にデータが1つしかない状況を考える．データが1つではばらつきを評価しようがない．しかしデータがもう1つ加われば，ばらつきが評価できる．このように，データが2つになってはじめて，ばらつきを評価するもとになるものが1つできる．データ3つで2つ，データ n 個では $n-1$ 個である．これを**自由度**といい，この後しばしば登場する．

4.2 基本統計量

もっと知りたい

　統計量 V は，1文字で（不偏）分散を表すもので，第2章に出てきたかっこ内（この場合は X）の確率変数の分散を表す $V(X)$ の V とは，意味が異なることに注意する．

3) 標準偏差 s または $\sqrt{V}$

　平方和も分散も元のデータの2乗の形になっているので，その単位も元のデータの2乗になっている．これは平均値や元のデータと比較する場合には不都合である．

　そこで，分散 V の平方根をとり元のデータの単位に戻した**標準偏差 $s(\sqrt{V})$** を用いる．

　　　　標準偏差＝分散の平方根

で求める．数式で表すと，

$$s = \sqrt{V} = \sqrt{\frac{S}{n-1}} = \sqrt{\frac{\sum (x_i - \overline{x})^2}{n-1}} = \sqrt{\frac{\sum x_i^2 - \dfrac{\left(\sum x_i\right)^2}{n}}{n-1}}$$

となる．

4) 範囲 R

　1組のデータの中の最大値と最小値の差を**範囲 R** と呼ぶ．

　　　　範囲＝最大値－最小値

で求める．数式で表すと，

$$R = x_{\max} - x_{\min}$$

となる．

　範囲も分布のばらつき（広がり具合）を表す統計量であり，簡便に求めることができるという特徴がある．しかし，最大値と最小値以外のデータは直接用いられないので，データ数が多くなってくると，標準偏差に比べばらつきの尺度

34 第4章 基本統計量

としての推定精度が悪くなる．したがって，通常データ数が 10 以下のときに用いられる．

5）変動係数 CV

標準偏差と平均値の比を**変動係数 CV** といい，通常パーセントで表す．

変動係数＝（標準偏差／平均値）×100

で求める．数式で表すと，

$$CV = \frac{s}{\bar{x}} \times 100 \quad (\%)$$

となる．

変動係数は，平均値に対するばらつきの相対的な大きさを表すのに用いる．ばらつきの程度が同じでも，平均値が小さければ，相対的に大きく変動していると考える指標である．

【例題 4.1】

下記のデータについて，平均値 $\bar{x}$，メディアン $\tilde{x}$，（偏差）平方和 S，分散 V，標準偏差 s，範囲 R，変動係数 CV を求めよ．

12　9　11　14　10　10

【解答】

1）平均値 $\bar{x}$

$$\bar{x} = \frac{\text{データの総和}}{\text{データ数}} = \frac{\sum x_i}{n} = \frac{12+9+11+14+10+10}{6} = \frac{66}{6} = 11.0$$

2）メディアン $\tilde{x}$

データを小さいものから順番に並べ変える．

9　10　10　11　12　14

データ数が 6 で偶数なので，小さい方から 3 番目のデータ 10 と 4 番目のデータ 11 の平均値がメディアンとなる．

$$\widetilde{x} = \frac{10+11}{2} = 10.5$$

3) (偏差)平方和 S

$$S = (各データー平均値)^2 の和 = \sum (x_i - \overline{x})^2$$

$$= (12-11.0)^2 + (9-11.0)^2 + (11-11.0)^2 + (14-11.0)^2 + (10-11.0)^2$$
$$+ (10-11.0)^2 = 16.0$$

または,

$$S = (各データ)^2 の和 - (データの和)^2 / データ数$$

$$= \sum x_i^2 - \frac{\left(\sum x_i\right)^2}{n} = (12^2 + 9^2 + 11^2 + 14^2 + 10^2 + 10^2) - 66^2/6 = 16.0$$

となる.

4) 分散 V

$$V = \frac{平方和}{データ数 - 1} = \frac{S}{n-1} = \frac{16.0}{6-1} = 3.2$$

5) 標準偏差 s

$$s = 分散の平方根 = \sqrt{V} = \sqrt{3.2} = 1.79$$

6) 範囲 R

$$R = 最大値 - 最小値 = 14 - 9 = 5$$

7) 変動係数 CV

$$CV = (標準偏差 / 平均値) \times 100 = \frac{s}{\overline{x}} \times 100$$

$$= (1.79/11.0) \times 100 = 16.3 \quad (\%)$$

(3) 工程能力指数

製品の品質を管理し改善するためには，その製品を製造する工程の実態をよく知る必要がある．工程が安定状態であるのか，製品の品質がその規格値に対

して満足している状態なのかなど，工程のもつ質的な能力の把握が重要である．この工程のもつ製品の質的能力を**工程能力**という．工程能力を把握する方法として，工程のばらつきの大きさの製品規格の幅に対する関係を表す**工程能力指数** C_p が用いられる．

1） 工程能力指数の求め方

工程能力指数の求め方を**図 4.1** に示す．

① 両側規格の場合：
$$C_p = \frac{S_U - S_L}{6s}$$

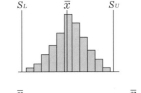

② 片側規格の場合：
$$C_p = \frac{\bar{x} - S_L}{3s}, \quad C_p = \frac{S_U - \bar{x}}{3s}$$

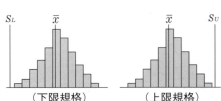

（下限規格）　　　（上限規格）

③ 両側規格で分布のかたよりを考慮した場合：
$$C_{pk} = \left\{ \frac{\bar{x} - S_L}{3s}, \frac{S_U - \bar{x}}{3s} \right\} \text{の小さいほう}$$

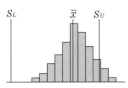

図 4.1　工程能力指数の求め方

S_U は規格の上限値，S_L は規格の下限値を示す．

両側に規格がある場合は，規格の幅（規格の上限値－規格の下限値）を標準偏差の 6 倍で割った値が工程能力指数 C_p となる．

両側規格の場合の工程能力指数 C_p
＝（規格の上限値－規格の下限値）／（6× 標準偏差）

例えば，重量 100g 以上や不純物 0.2% 以下などのように規格が片側にしかない場合は，平均値に対し規格のある側で求めればよい．

4.2 基本統計量

下限規格のみの場合の工程能力指数 C_p

＝(平均値－規格の下限値)／(3× 標準偏差)

上限規格のみの場合の工程能力指数 C_p

＝(規格の上限値－平均値)／(3× 標準偏差)

工程の平均値が簡単に調整できないような場合は，両側規格であっても工程のばらつきだけで工程能力を評価するのは適当とはいえない．このような場合は，工程平均の位置と規格の中心の位置のずれ，すなわちかたよりを考慮する必要がある．かたよりを考慮した工程能力指数 C_{pk} は次の式で求める．

かたよりを考慮した工程能力指数 C_{pk} ＝

(平均値－規格の下限値)／(3× 標準偏差)と

(規格の上限値－平均値)／(3× 標準偏差)の小さいほうの値

なお，C_{pk} は必ず C_p と等しいか，C_p より小さい値をとる．

2) 工程能力指数の解釈

工程能力指数の値に応じて，一般に以下のような解釈を行い，それに応じた処置がなされる(表 4.1)．

【例題 4.2】

ある部品全長の規格の上限値 S_U は 60.00mm，規格の下限値 S_L は 59.00mm である．工程からランダムに 100 個のサンプルを採取し，部品全長の平均値と標準偏差を求めたところ，それぞれ 59.75mm，0.09mm であった．

1) 工程能力指数 C_p を求め，工程能力を検討せよ．
2) かたよりを考慮した工程能力指数 C_{pk} を求め，工程能力と対応策を検討せよ．
3) 平均値が変わらないとして，C_{pk} を 1.33 以上にするには標準偏差をいくら以下にすればよいか．

38　　　　　　　　　　　　第 4 章　基本統計量

表 4.1　工程能力指数の解釈と処置

工程能力指数	解釈	処置
$C_p > 1.67$	場合によっては，工程能力は十分すぎる	品質のばらつきが少し大きくなっても問題ないので，管理の簡素化やコスト低減に注力する．
$1.67 \geqq C_p > 1.33$	工程能力は十分にある	理想的な状態なので維持する．
$1.33 \geqq C_p > 1.00$	まずまずの工程能力	工程管理をしっかり行い，管理状態を保つ．C_p が 1 に近づくと不適合品発生のおそれがあるので，必要に応じて処置をとる．
$1.00 \geqq C_p > 0.67$	工程能力は不足している	工程の改善を必要とする．不適合品を検査で取り除く必要がある．
$0.67 \geqq C_p$	工程能力は非常に不足しており，規格を満足しない	緊急に品質の改善対策を必要とする．規格の再検討を要する．

【解答】

1)　両側規格なので，工程能力指数 C_p は，

$$C_p = \frac{S_U - S_L}{6s} = \frac{60.00 - 59.00}{6 \times 0.09} = 1.85$$

となり，工程能力は十分であるといえる．

2)　かたよりを考慮した工程能力指数 C_{pk} を求める．平均値が規格の上限値に偏っているので，

$$C_{pk} = \frac{S_U - \overline{x}}{3s} = \frac{60.00 - 59.75}{3 \times 0.09} = 0.923$$

となり，工程能力は不足している．本工程では，平均値が規格の上限側に偏っているので，上側不良が心配され工程能力が不足する状況である．平均値を規格の中心である 59.50mm に近づけるか，それができない場合には，さらにばらつきを小さくする必要がある．

4.2 基本統計量

3) 平均値が変わらないとして，C_{pk} を 1.33 以上にするための標準偏差を求める．

$$C_{pk} = \frac{S_U - \overline{x}}{3s}$$

$$1.33 = \frac{60.00 - 59.75}{3s}$$

$$s = \frac{0.25}{3 \times 1.33} = 0.06$$

よって，標準偏差 s を 0.06（mm）以下にすると，C_{pk} を 1.33 以上にできる．

もっとくわしく

もっと知りたい

本章では，工程能力指数 C_p を統計量として扱ったが，これを母数として扱うこともある．この場合，$C_p = \dfrac{S_U - S_L}{6\sigma}$ と考える．しかしながら，一般に σ は未知であるので，σ の推定値として s で置き換えることになる．この場合，標準偏差 s を求める際には，安定した工程から多くのデータを用いて計算すべきである．

統計量の分布

まずはここから

統計量である平均値の分布,平方和の分布について学ぶ.

もっとくわしく

平均値の分布(正規分布,t 分布),平方和の分布(χ^2 分布),分散の比の分布(F 分布)と,それぞれの確率を求める数値表の見方を学ぶ.

第 5 章　統計量の分布

まずはここから

5.1 平均値がばらつく──統計量の分布：平均値の分布

　サンプルの様子を表す統計量として，平均値や偏差平方和，不偏分散などがあるということを学んだ．しかし，私たちが母集団からサンプルをとるたびに値は異なるのだから，これらから計算された値もその都度，異なったものになってしまう．では，その平均値の平均や，平均値の分散などは見当のつかないものなのだろうか？

　サンプルをとっては平均値や分散を求めるということを，何度も繰り返したとして，そこで求めた平均値や分散の集団を考えてみる．実際にはそんなことはしないし，サンプルをとるのは一度きりの場合が多いのだろうが，そこでとられた一つひとつの平均値や分散が集団を構成するものとして，集団としての規則や特徴を考えるのである．

　実は，これらサンプルから計算された値も，母集団の姿を写す特有の姿を示すのである．

　正規分布をしている母集団から正しくとられたサンプルの平均値は，やはり正規分布を示す．しかも，その平均（ややこしいが，たくさんとってきた平均値の平均）は元の母集団の平均に等しく，分散（これもややこしいが，たくさんの平均値の分散）は元の分布の分散をサンプルの数で割ったものになるのである．

　これは，次のように考えれば直感的に理解できるのではないだろうか．

　母集団から正しくとられた各サンプルは，数の多い母集団の中心付近の値をとるものが多いだろうし，中心から離れた値をとることがあったとしても，その割合は少ないだろう．結果，サンプルの平均値の平均は，元の母集団の中心の値に近づいていく．

　では，サンプルの平均値の分散はどうだろうか．平均値をとるという行為は中心に近づくということである．極端な話，すべてのデータの平均値をとれば，

5.2 ばらつきもばらつく──統計量の分布：平方和の分布　　　**43**

それは全体の平均そのものになり，ばらつきは0になる．当たり前だが何度やっても同じ結果になる．したがって，サンプルの数が多くなるほど，平均値のばらつきは，元のデータのばらつきより小さくなっていくことは容易に理解できるだろう．

　このように，正規分布をしている母集団から正しく抜き取られたサンプルの平均値は，正規分布を示し，その平均値は元の分布の平均に等しく，分散は元の分布の分散をサンプルの数で割ったものになるという性質が導かれる．

　次に，私たちがサンプルをとって母集団の姿を調べようとする際には，必ずしも母集団の分散そのものは明らかではない．通常，母数はわからないものであるので，このような場合には，母集団の分散をサンプルから計算した分散 V で置き換えればよい．ただこの場合のサンプルの平均値の分布は，正規分布とは少し異なる，サンプルの数によって形の決まる分布（t **分布**という）を示す．

5.2　ばらつきもばらつく──統計量の分布：平方和の分布

　サンプルのばらつきも，サンプルをとるごとに異なるので，これも分布を示す．ばらつきがばらつくわけである．しかし，このばらつきにも一定の規則があって，（偏差）平方和を母集団の分散で割ったものが特定の分布（χ^2（**カイ2乗）分布**という）を示す．この分布もサンプルの数によって形が決まる．

知っておきたい

- サンプルから得られた平均値，偏差平方和などは，サンプルをとるたびに異なる．
- 母集団から正しくとられたサンプルの平均値や偏差平方和などは，母集団の分布から導かれる分布を示す．

44　　　　　　　　　　第5章　統計量の分布

もっとくわしく

　ある母集団からサンプルを抜き取り，得られたデータの平均値や分散は，一定の値ではなく，サンプリングのたびにばらつく．このような量を**統計量**という．

　サンプルがランダムサンプリングにより，確率的に公平になるような方法で抜きとられていれば，統計量も1つの確率分布に従う．

5.3 統計量の分布——平均値 $\bar{x}$ の分布（正規分布），平均値 $\bar{x}$ の分布（ t 分布）

（1）　サンプルの平均値 $\bar{x}$ の分布（正規分布）（母分散 σ^2 既知）

　正規分布に従う母集団 $N(\mu, \sigma^2)$ からランダムに抜き取られた大きさ n のサンプルの平均値 $\bar{x} = \dfrac{1}{n}\sum x_i$ は，平均 μ ，分散 $\dfrac{\sigma^2}{n}$ の正規分布に従う．

　これは，第2章で述べた期待値と分散の性質を用いて容易に導くことができる． $E(x) = \mu$ ， $\bar{x} = \dfrac{1}{n}(x_1 + x_2 + \cdots + x_n)$ なので，期待値の性質から，

$$E(\bar{x}) = \left(\frac{1}{n}\right)\left\{E(x_1) + E(x_2) + \cdots + E(x_n)\right\} = \left(\frac{1}{n}\right)n\mu = \mu$$

となる．また， $V(x) = \sigma^2$ ， $\bar{x} = \dfrac{1}{n}(x_1 + x_2 + \cdots + x_n)$ なので，分散の性質から，

$$V(\bar{x}) = \left(\frac{1}{n}\right)^2\left\{V(x_1) + V(x_2) + \cdots + V(x_n)\right\} = \left(\frac{1}{n}\right)^2 n\sigma^2 = \frac{\sigma^2}{n}$$

となる．

　 $\bar{x} \sim N(\mu, \dfrac{\sigma^2}{n})$ なので， $u = \dfrac{\bar{x} - \mu}{\sqrt{\sigma^2/n}}$ とおくと（第3章で述べたのと同様の標準化をしていることに注意）， u は標準正規分布 $N(0, 1^2)$ に従い（**図5.1**），

$$u = \frac{\bar{x} - \mu}{\sqrt{\sigma^2/n}} \sim N(0, 1^2)$$

5.3 統計量の分布——平均値$\bar{x}$の分布（正規分布），平均値$\bar{x}$の分布（t分布） **45**

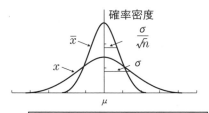
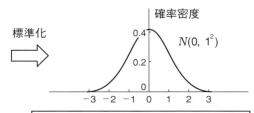

$$x \sim N(\mu, \sigma^2)$$

$$\bar{x} \sim N(\mu, \sigma^2/n)$$

$$u = \frac{x - \mu}{\sigma} \sim N(0, 1^2)$$

$$u = \frac{\bar{x} - \mu}{\sqrt{\sigma^2/n}} \sim N(0, 1^2)$$

図 5.1　x, $\bar{x}$ の分布と標準正規分布

となる．

　これらを用いると，正規分布表を使って，$\bar{x}$ がある値以上または以下の値をとる確率を求めることができる．

(2) サンプルの平均値 $\bar{x}$ の分布（t 分布）（母分散 σ^2 未知）

(1)において，

$$u = \frac{\bar{x} - \mu}{\sqrt{\sigma^2/n}} \sim N(0, 1^2)$$

となることを示したが，母分散 σ^2 が未知の場合，σ^2 を統計量 V で置き換えて，

$$t = \frac{\bar{x} - \mu}{\sqrt{V/n}}$$

とおくと，t は**自由度** $\phi = n-1$ の t **分布**に従う．

　すなわち，正規分布に従う母集団 $N(\mu, \sigma^2)$ からランダムに抜き取られた大きさ n のサンプルの平均値を $\bar{x}$，分散を V とすると，

$$t = \frac{\overline{x} - \mu}{\sqrt{V/n}}$$

は自由度 $\phi = n - 1$ の t 分布に従う.

もっと知りたい

　自由度については第4章でも少し述べたが，以下のように考えることもできる．分散を求めるには，n 個のデータから平均を求め，各データの偏差 $x_1 - x$, $\cdots$, $x_n - \overline{x}$ を計算する．偏差の合計は必ず $(x_1 - \overline{x}) + \cdots + (x_n - \overline{x}) = 0$ なので，偏差のうち任意の $n - 1$ 個を定めれば，残りの1つは決まってしまう．よって，n 個の偏差のうち独立なものは $(n - 1)$ 個となる．これを自由度という．

(3)　t 表とその見方

自由度 ϕ の t 分布に従う確率変数 t と**両側確率** P の関係を表にしたものが t 表（**図 5.2，付表 2**）である.

① 　表の左右の見出しは，自由度 ϕ の値を表し，表の上の見出しは，両側確率 P の値を表す．表中は対応する t の値を表す．例えば，$\phi = 15$, $P = 0.05$ に対応する t の値は，表の左右の見出しの 15 と，表の上の見出しの 0.05 が交差するところの値 2.131 を読み，$t(15, 0.05) = 2.131$ と求める．

② 　t 分布も $t = 0$ に対して左右対称なので，$\phi = 15$, 下側確率（下片側確率）0.025 に対応する t の値は，$-t(15, 0.05) = -2.131$ となる．

5.4 統計量の分布——平方和Sの分布(χ^2分布)，分散比Fの分布(F分布)　　**47**

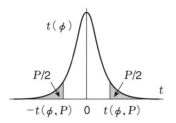
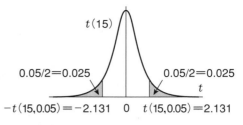

図5.2　t表

もっと知りたい

　正規分布表と異なり，付表に示したt表は両側確率で表示されていることに注意する．ただし，数値表には種々の種類があり，中には片側確率で表示されているものもある．

5.4 統計量の分布——平方和Sの分布(χ^2分布)，分散比Fの分布(F分布)

(1) 平方和Sの分布(χ^2(カイ2乗)分布)

　平方和 $S = \sum(x_i - \bar{x})^2$ は，サンプルのばらつきを表す統計量の一つであるが，サンプルの大きさと母分散が大きくなるほど大きくなる．Sの分布は，Sを母分散σ^2で割って，

$$\chi^2 = \frac{S}{\sigma^2}$$

とおくと，χ^2(カイ2乗)の分布となる．

　正規母集団$N(\mu, \sigma^2)$からランダムに抜き取った大きさnのサンプルの平方和をSとすると，

$$\chi^2 = \frac{S}{\sigma^2}$$

は自由度 $\phi = n-1$ のχ^2分布に従う．

(2) χ^2表とその見方

自由度 ϕ の χ^2 分布に従う確率変数 χ^2 と**上側確率** P の関係を表にしたものが χ^2 表 (**図5.3, 付表3**) である.

① 表の左右の見出しは, 自由度 ϕ の値を表し, 表の上の見出しは, 上側確率 P の値を表す. 表中は対応する χ^2 の値を表す. 例えば, $\phi = 20$, $P = 0.05$ に対応する χ^2 の値は, 表の左右の見出しの20と, 表の上の見出しの0.05が交差するところの値31.4を読み, $\chi^2(20, 0.05) = 31.4$ と求める.

② 下側確率に対応する χ^2 の値を求める場合を考える. 例えば, $\phi = 20$, 下側確率0.05に対応する χ^2 の値は, 上側確率 $P = 1 - 0.05 = 0.95$ に対応する χ^2 の値と等しくなるので, $\chi^2(20, 0.95) = 10.85$ と求めればよい.

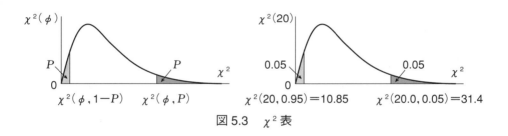

図5.3　χ^2 表

もっと知りたい

正規分布や t 分布と異なり, χ^2 分布は左右非対称なので, 上側確率で表示されている. 下側確率は (1 − 上側確率) と求めることに注意する.

(3) 分散の比の分布 (F 分布)

正規母集団 $N(\mu_1, \sigma_1^2)$ および, $N(\mu_2, \sigma_2^2)$ から大きさがそれぞれ n_1 および n_2 のサンプルをランダムに抜き取って分散 V_1, V_2 を求める.

$$F = \frac{V_1/\sigma_1^2}{V_2/\sigma_2^2}$$

は自由度$(\phi_1, \phi_2) = (n_1-1, n_2-1)$の **F分布**に従う.

(4) F表とその見方

自由度(ϕ_1, ϕ_2)のF分布に従う確率変数Fと**上側確率**Pの関係を表にしたものがF表(**図5.4, 付表4, 付表5**)である.

① Pの値によって,それぞれの表が用意されているので,求めたいPの値によってF表を選択する.

② 表の上下の見出しは,分子の自由度ϕ_1の値を,表の左右の見出しは,分母の自由度ϕ_2の値を表す.表中は対応するFの値を表す.例えば,$\phi_1 = 8$,$\phi_2 = 15$,$P = 0.05$ に対応するFの値は,まず,F表(5%, 1%)を選び,表の上下の見出しの8と,表の左右の見出しの15が交差するところの2つの値のうち,上段の細字の値2.64を読み,$F(8, 15 ; 0.05) = 2.64$ と求める.下段の太字の値4.00は$P = 0.01$の場合で,$F(8, 15 ; 0.95) = 4.00$ となる.

③ 下側確率に対応する値は掲載されていないが,上側確率に対応する値から,$F(\phi_1, \phi_2 ; 1-P) = 1/F(\phi_2, \phi_1 ; P)$ の関係(右辺の分母において自由度が逆であることに注意)により求める.例えば,$F(8, 15 ; 0.95) = 1/F(15, 8 ; 0.05) = 1/3.22 = 0.311$ となる.

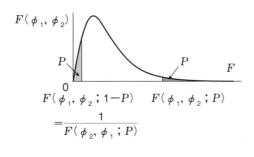
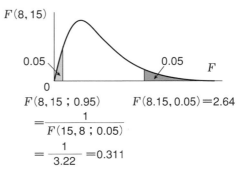

図5.4 F表

検定と推定

まずはここから

検定と推定について,その基本的な考え方と手順について学ぶ.

もっとくわしく

1つの母平均の検定・推定(母分散が既知と未知の場合),1つの母分散の検定・推定,2つの母集団の母平均の差の検定・推定について,その手順を学ぶ.

まずはここから

これまで，少しややこしい話もあったが，統計的方法の基礎的な事項を一通り学んだ．さていよいよ，統計的方法の根底をなす最も重要な考え方ともいえる「**検定**」と「**推定**」である．

私たちの重要な目的のひとつは，母集団に関する調査などであった．では，その調査の結果をどう表すのだろうか？

世論調査なら「K内閣の支持率は52.5％である」，製造工程における調査なら「A製品製造工程における製品寸法の平均値は10.0 mmである」，「B工場の設備更新後の不適合品(不良品)の発生率は減少した」などだろうか．

しかし，これらの調査結果は，いずれも対象となる母集団をすべて調べたものではなく，サンプルの調査や測定から得られた情報である．ということは，先に何度も述べたようにサンプルはとるたびに違うものだから，これらの結果は，「たまたま今回そうなっただけじゃないの？」，「本当にそうなの？だいじょうぶ？」，「君の言うこと信用していいの？」などと言われるかもしれない．

せっかくの調査なのだから，だれが見ても問題のない，だれもが納得してくれる結果報告をしたいものである．

職場の上司やお客様にも，堂々と報告できる調査結果の導き方，それがすなわち検定・推定の極意である．

6.1 調べたものから判断する──検定の手順

まず**検定**である．検定は「母集団の平均値は従来とは異なる」，「新たな工程では不純物量が減少した」などといったことをサンプルから得られたデータで判断するものである．

以下に検定の考え方を示す．

① はじめに結論を掲げる．もちろんこの段階では，その結論が正しいかど

うかわからないので，いわゆる**仮説**となる．仮説は誤っているかもしれないので，はじめに立てた仮説を否定する仮説も同時に用意しておく．

先の例でいえば，「仮説 A：母集団の平均は従来と異なる」と，それを否定する「仮説 B：母集団の平均は従来と等しい」という 2 つの仮説になる．

② 仮説を判定するのだから，間違うことがある．仮説が 2 つあるので間違い方も 2 種類考えられる．すなわち，「本当は仮説 B が正しいのに仮説 A が正しいと判定してしまう間違い」と「本当は仮説 A が正しいのに仮説 B が正しいと判定してしまう間違い」である．

間違いがしょっちゅう起こっては信用をなくすので，これらの間違いが起こる確率をあらかじめ決めておく．この確率は，通常 5% や 1% といった，たまには間違ってもしょうがないくらいの小さい値が用いられる．

では，結論としていいたいのは仮説 A であったから，「本当は仮説 B が正しいのに仮説 A が正しいと判定してしまう間違い」の確率を 5% としておこう．こうしておけば仮説 A が正しいという判定がでたときに，「その判定が誤っている確率は 5% という小さな確率（同じことを 20 回やったとしたら，間違うのはそのうち 1 回くらい）で，めったに起こらない」ということがいえる．逆にいうと，その判定結果はおおむね信用してよいというお墨付きが与えられることになるわけである．

③ いよいよサンプルをとって，サンプルの平均値を求める．その前に，このサンプルは仮説 B の母集団（すなわち従来と同じ平均をもつ集団）からとられたものとすれば（仮説 B が正しいとすれば），第 5 章で述べたとおり，平均値はどのような分布をするのかがわかる．さらにこれを標準化すれば標準正規分布になるので，これを判定の基準にすればよいのである．私たちは，正規分布表によって，この標準正規分布の値とそのときの確率の関係を知ることができる．したがって，めったに起こらない（すなわち小さな確率）正規分布の値がわかるので，この値を判定の境界にすればよい．これで，「めずらしくないこと」と「めったに起こらないこと」の境

界が引けたことになる。

④　サンプルから計算した平均値などを使って標準正規分布の値を計算し、先ほどの境界と比べる.

　境界を越えたとすれば、それは「めったに起こらないことが起こっている. 大変だ！」という状況を示すことになる.

　しかし、ここはそうは考えずに、「まあ落ち着いて. これには、ちゃんとした理由があるのではないか」と考えるほうがよさそうである.

　「ちゃんとした理由」を考えるには、最初の仮説にさかのぼるしかない. なぜなら、母集団から正しくサンプルをとり、そのサンプルから平均値を求め、その分布を決めるという一連の流れは、いつだれがやっても同じようにでき、同じ結果になるはずだからである.

　では、「最初の仮説に理由がある」とはどういうことか考えてみよう. 今回の場合、仮説 B が正しいということを前提に進めてきたので、「仮説 B を正しいとしたことが間違いだった！」とすれば自然である. すなわち、「母集団の平均は従来と等しい」ということが否定されたことになり、もう一つの仮説である仮説 A の「母集団の平均は従来と異なる」が正しかったとなる.

　これは最初に掲げた結論と同じである. めでたく、思惑どおりの結論を導くことができた.

　もちろん、いつもこうはうまくはいかない. 境界から外れない場合もあるだろう. この場合は、最初に掲げた結論は正しいとはいえないので、「母集団の平均値は従来と異なるとはいえない」という結論になる.

　このような仮説の正誤を判定するための一連の作業が、「検定」なのである.

　もう一度振り返って、ていねいに整理してみよう. 検定の進め方は、以下のようになる.

①　**検定の目的**を定める.

6.1 調べたものから判断する——検定の手順

母平均に関するものか，母分散に関するものか，母集団の数は，など．

② **仮説**を立てる．

仮説には2種類あり，自分が主張したいことを**対立仮説**，それを否定する仮説を**帰無仮説**と呼ぶ．対立仮説には両側仮説と片側仮説があり，それぞれの場合の検定を**両側検定**，**片側検定**という．

③ **検定統計量**とその分布を決める．

元のデータが従う分布を考え，判定の基準となる検定統計量（検定に用いる統計量）を決める．さらに（帰無仮説が正しいとした場合の）検定統計量の分布がどうなるかを考える．

④ **有意水準**を決める．

仮説の正誤を判定する際に，帰無仮説が正しいのに対立仮説を正しいと判定してしまう間違いの確率（小さな値で**有意水準**と呼ぶ）を決める．

⑤ **棄却域**を定める．

判定の基準となる検定統計量の境界（**棄却域**と呼ぶ）を決める．これによって，帰無仮説が正しいときに検定統計量が棄却域に入ることは，小さな確率でしか起こらないことが保証される．なお，棄却域は有意水準の値や対立仮説によって異なる．棄却域は両側検定の場合は両側に，片側検定の場合は片側に設定される．

⑥ **データ**から**検定統計量**を計算する．

サンプルから得られたデータを用いて，検定統計量を計算する．

⑦ **検定統計量**の値を**棄却域**の値と比較し，検定の結果を判断する．

検定統計量が棄却域に入るか否かを判断する．検定の結果は，棄却域に入った場合に「**有意である**」，入らなかった場合は「**有意ではない**」などと表現する．

⑧ **仮説**の判定をする．

棄却域に入れば（有意であれば），対立仮説が正しい，入らなければ（有意でなければ），対立仮説は正しいとはいえない ということになる．各仮説を，正しいと判定するときには「**対立仮説**を**採択**する」，間違っていると判定するす

るときには「帰無仮説を**棄却**する」などと表現する.

　さらにおさらいをすると，検定は，サンプルによって母集団を判定している
ため，その判定は間違うことがある(サンプルがばらつくため).しかし，上記
の手順で検定を進めることによって，帰無仮説が正しいのにそれを正しくない
と判定する間違いの確率については，自分であらかじめ決めておくことができ
る.その確率は，帰無仮説が正しいときには「めったに起こらないこと」が起
こってしまう確率に等しくなる.

　もう一度，先述の2種類の間違いを整理すると，「帰無仮説が正しいのに，
対立仮説が正しい」と判断する間違いと「対立仮説が正しいのに，帰無仮説が
正しいと判定してしまう間違い」とがあった.前者を**第1種の誤り**，後者を**第
2種の誤り**と呼ぶ.第2種の誤りが生じない確率は，対立仮説が正しいときに
それを正しいと判断する確率になる.これは，「自分が主張したいことを正し
く判定できる確率」ということなので，大変重要なものである.この確率を**検
出力**と呼ぶ.検出力はサンプルの数や新しい平均と従来との差などによって変
化する.また，検出したい差とそのときの検出力(例えば90%や95%など)を
定めれば，事前に必要なサンプルの数を決めておくこともできる.

6.2　調べたものから推しはかる──推定の手順

　次に**推定**である.検定で得られる結論は，「新たな工程の平均は従来と異な
る」というようなものであった.これはこれで非常に重要な母集団に関する情
報を与えてくれたのだが，「じゃあ，変わった平均はどれくらいなの?」とい
う指摘や問合せがやってくることは避けられないだろう.

　これに答えを出してくれるのが推定である.

　推定には**点推定**と**区間推定**がある.点推定は，「新たな工程の平均値は
100.00kgと推定できる」というようにピンポイントで推定する.ところがこ
の推定値も，サンプルをとるたびに異なる.サンプルの平均値がばらつくわけ

である．推定値がどの程度信頼できるかということを区間を用いて「新たな工程の平均値は 100.00 ± 1.00 kg」などと表現する．これが区間推定である．

　検定で判定が間違う確率を定めたように，区間推定では**信頼区間**というものを定める．この信頼区間の幅を決める値としては，95%，90% などが用いられ**信頼率**と呼ぶ．

　信頼率の意味は，サンプルをとって平均値などを計算し信頼区間を求めることを何度も何度も行った（だれも，そんなことはしないだろうが）とした場合，得られたたくさんの信頼区間のうち，95%（90%）のものは真の平均（母平均）を含んでいる（外すこともある）という意味である．検定の有意水準に対し，信頼率は**（1 ─ 有意水準）**と表す．具体的には，検定統計量が95%の確率で含まれる正規分布などの値の範囲を求め，そこから逆算して真の平均の存在する範囲を求めている．

知っておきたい

- 検定は，いいたいこと（対立仮説）とそれを否定する帰無仮説を設定し，帰無仮説が正しいとしたときの検定統計量の値と棄却域を比べ，仮説の正誤を判定する．
- 検定統計量の値はサンプルをとるたびに異なるので，検定の結果が間違っていることもあるが，この間違いの起こる確率（有意水準）を事前に決めておく．
- 検定では，いいたいこと（対立仮説）が正しく判定できることが重要である．この確率を検出力という．
- 推定は，点推定と区間推定があり，区間推定では真の母数がある確率（信頼率）で存在する範囲を求める

もっとくわしく

6.3 検定の手順

（1） 検定とは

検定とは，母集団の分布に関する仮説を統計的に検証するものである．データを検証するものではなく，母集団に関する仮説をデータを用いて検証することである．

検定においては，主張したいことを**対立仮説**（H_1 と表現する）に置き，この仮説を否定する仮説を**帰無仮説**（H_0 と表現する）とする．対立仮説には，両側仮説と片側仮説とがあり，それぞれの場合の検定を両側検定，片側検定という．

帰無仮説が真であるにもかかわらず，対立仮説が真であると判断してしまう誤りを，**第1種の誤り（過誤）**，またはあわてものの誤りと呼び，その確率を**有意水準**，危険率などといい，記号 α で表す．これに対し，対立仮説が真であるにもかかわらず，帰無仮説が真であると判断してしまう誤りを，**第2種の誤り（過誤）**，またはぼんやりものの誤りと呼び，その確率を記号 β で表す．一般に，α を大きくすると β は小さくなり，α を小さくすれば β は大きくなる（**表6.1**）．

表6.1　α と β の意味

真実＼判断	H_0 が正しい	H_1 が正しい
H_0 が真	$1 - \alpha$	α （有意水準）
H_1 が真	β	$1 - \beta$ （検出力）

検定では，対立仮説が真のときにそれを正しく検出できることが重要である．この確率は $(1 - \beta)$ となり，**検出力**という．

検定における有意水準(危険率) α とは，帰無仮説が成り立っている場合に，「めったに起こらない」とする確率であり，一般的には 5% や 1% といった小さい値に設定される．したがって，データから求めた検定統計量が，有意水準から求めた棄却域に入った場合は，「めったに起こらないことが起こった」とは考えずに，「元の仮説が間違っていた」と判断し，帰無仮説を棄却するのである．図 6.1 に一つの母平均の検定(対立仮説：$\mu > \mu_0$，母分散既知の場合)における棄却域と α，β，検出力 $(1-\beta)$ の関係を示す．

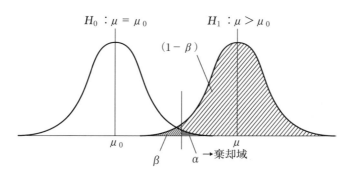

図 6.1　母平均の検定における棄却域

検定においては，データから求めた検定統計量の値が棄却域に入ったとき，帰無仮説が棄却され，対立仮説が成り立っていると判断する．

棄却域 R とは，「帰無仮説を棄却すると判断する統計量の範囲」をいう．
- 両側検定では，棄却域が右，左両側(上側，下側という)にある．
- 片側検定では，棄却域が右(上側)または左(下側)のいずれかにある．図 6.1 は，片側検定で棄却域が右側(上側)の場合を示している．
- 棄却域は，有意水準 α によって定まる．

有意水準を 5% とすると，正規分布は左右対称なので，両側検定の場合，上側に 2.5% 分，下側に 2.5% 分の棄却域を設ける必要がある．正規分布の上側 2.5% 点(これを本書では，$u(0.05)$ と表現している)および下側 2.5% 点($-u(0.05)$)が帰無仮説を棄却する限界値になる．また，片側検定の場合は，上側

60 　　　　　　　　　　第6章　検定と推定

または下側に5%分の棄却域を設けるので上側5%点（$u(0.10)$）または下側5%点（$-u(0.10)$）が帰無仮説を棄却する限界値になる.

(2)　検定の手順

手順1：検定の目的の設定

検定には，大きく分けて母平均に関する検定と母分散に関する検定がある. また，その際の対象とする母集団の数が1つなのか2つなのか（またはそれ以上）を考える必要がある.

以下，例として母分散が既知の場合で1つの母平均 μ が一定の値 μ_0 とは異なるかどうかを検定する場合を考える.

手順2：帰無仮説 H_0 と対立仮説 H_1 の設定

　　　　$H_0 : \mu = \mu_0$

　　対立仮説には，

　　　　$H_1 : \mu \neq \mu_0$ 　（両側仮説）

　　　　$H_1 : \mu > \mu_0$ 　（片側仮説）

　　　　$H_1 : \mu < \mu_0$ 　（片側仮説）

の3つが考えられ，「検定によって何を主張したいか」によっていずれかを選ぶことになる.

- 特性値の母平均が変化したといいたい　　→　$H_1 : \mu \neq \mu_0$
- 特性値の母平均が大きくなったといいたい　→　$H_1 : \mu > \mu_0$
- 特性値の母平均が小さくなったといいたい　→　$H_1 : \mu < \mu_0$

手順3：検定統計量の選定

1つの母平均の検定において，母分散が既知の場合の母集団は，正規分布 $N(\mu, \sigma^2)$ に従う. ここからランダムに抜き取られた大きさ n のサンプルの平均値 $\bar{x}$ は，正規分布 $N(\mu, \dfrac{\sigma^2}{n})$ に従う. これを標準化した $u = \dfrac{\bar{x} - \mu}{\sqrt{\sigma^2/n}}$ は，標準正規分布 $N(0, 1^2)$ に従う.

したがって，本検定における検定統計量は $u = \dfrac{\bar{x} - \mu}{\sqrt{\sigma^2/n}}$ で，その分布は標準正規分布である．

手順4：有意水準の設定

有意水準 α（第1種の誤りの確率）を設定する．一般には 0.05（5%），または 0.01（1%）を採用する．

注） 有意水準は検定に先立って決めておく．検定統計量を計算してから，検定結果を有意になるよう，または有意にならないように変えることはよくない．

手順5：棄却域の設定

有意水準と対立仮説に応じた棄却域を設定する．1つの母平均の検定で，対立仮説が $H_1 : \mu \neq \mu_0$ の両側検定のとき，標準正規分布の棄却域は

$$R : |u_0| \geq u(\alpha) = u(0.05) = 1.960$$

となる．棄却域は R と表すことが多い．棄却域の値は，正規分布表から両側確率が 0.05（上側確率で 0.025，下側確率で 0.025）になる正規分布の値を 1.960 と求めている．

両側検定の場合には，上側と下側の両方に棄却域が設定されるので，検定統計量の値が 1.960 以上，または −1.960 以下であれば有意と判断するのである（図6.2）．

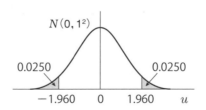

図6.2　正規分布の棄却域

手順6：検定統計量の計算

検定の対象となる母集団からランダムにサンプルを採取し，測定してデータ

を得る．データの平均値 $\overline{x} = \dfrac{1}{n}\sum x_i$ から，$u = \dfrac{\overline{x} - \mu}{\sqrt{\sigma^2/n}}$ の値を計算する．

もっと知りたい

　サンプルの大きさ n は，α と検出力 $(1-\beta)$ の関係を考慮して決定することが望ましい．サンプルの大きさを大きくすれば，検出力は上がるが，むやみにサンプルの大きさを大きくすることは経済的とはいえない．

手順7：検定結果の判定

　計算した検定統計量の値を棄却域の値と比較し，検定の結果を判断する．棄却域に入っていれば有意であると判断し，入っていなければ有意ではないと判断する．

手順8：結論

　検定の結果，有意であれば帰無仮説が棄却され，対立仮説が採択される．有意でない場合には，帰無仮説は棄却されない．

もっと知りたい

　本書では，帰無仮説は $H_0 : \mu = \mu_0$ などと，常にある値に等しいとおいている．その理由を述べる．

　仮説検定では，帰無仮説 H_0 のもとで，データから計算された検定統計量 u が，観測された値 u_0 を超える確率を求め，この確率が小さい値であったときに帰無仮説を棄却する（実際の手順は，有意水準 α のもとで仮説が棄却される棄却域 $(u(\alpha)，u(2\alpha)$ など）を数値表から読み，u_0 と比較している）．

　ここで，帰無仮説 H_0 のもとで，検定統計量 u が，観測された値 u_0 を

超える確率を求めるためには，$H_0 : \mu = \mu_0$ の場合しか，正しく計算することができない（$\mu < \mu_0$，$\mu > \mu_0$ などでは，分布を特定することができない）．

　以上の理由から，本書では，帰無仮説は（片側検定の場合でも）不等号はつけず，$H_0 : \mu = \mu_0$ などとしている．

もっとくわしく

6.4　推定の手順

（1）　推定とは

　推定とは，対象とする母集団の分布の母平均や母分散といった母数を推定するものである．1つの推定量により母数を推定する**点推定**と，区間を用いて推定する**区間推定**がある．区間推定では真の母数を含む確率である**信頼率**（$1 - \alpha$）に応じて，その区間の幅（**信頼区間**）が決まる．信頼区間の上限を**信頼上限**，下限を**信頼下限**と呼ぶ．

（2）　推定の手順

手順1：点推定

　点推定とは，母平均 μ や母分散 σ^2 などを1つの値で推定することであり，不偏推定量である平均値 $\bar{x}$，分散 V などがよく用いられる．

　母分散が既知の場合の母平均 μ を点推定すると，

$$\hat{\mu} = \bar{x}$$

となる．ここで記号 $\wedge$ はハットと呼び，母数の推定値であることを表す．この場合はミューハットという．

手順2：区間推定

　区間推定とは，推定値がどの程度信頼できるかを区間を用いて推定する方法であり，信頼率を定めて推定する．信頼率は，一般的には95%（0.95）または

64　　　　　　　　　　第6章　検定と推定

90%（0.90）を用いる．「保証された信頼率で母数を含む区間」である信頼区間，すなわち信頼区間の上限値（信頼上限）と下限値（信頼下限）である信頼限界を求める．

母平均 μ の信頼率 95% の区間推定は，統計量 $u = \dfrac{\bar{x} - \mu}{\sqrt{\sigma^2/n}}$ が標準正規分布 $N(0,\ 1^2)$ に従うので，$u = \dfrac{\bar{x} - \mu}{\sqrt{\sigma^2/n}}$ の値が，下側 2.5% 点 $(-u(0.05))$ と上側 2.5% 点 $(u(0.05))$ の間にある確率が $(1 - 0.05)$ であることから，

$$\Pr\left\{ -u(0.05) < \frac{\bar{x} - \mu}{\sqrt{\sigma^2/n}} < u(0.05) \right\} = 1 - 0.05 = 0.95$$

（「$\Pr(*)$」とは，$*$ の事象が起こる確率を表す記号である）
となり，これを解いて，

$$信頼上限：\mu_U = \bar{x} + u(0.05)\sqrt{\frac{\sigma^2}{n}}$$

$$信頼下限：\mu_L = \bar{x} - u(0.05)\sqrt{\frac{\sigma^2}{n}}$$

となる．

6.5　計量値の検定・推定

（1）　計量値の検定の種類

計量値の検定・推定には，1つの母集団の母平均，母分散に関するものと2つの母集団の母平均，母分散に関するものなどがある．**表6.2** にそれぞれの場合についての検定方法をまとめる．

6.5 計量値の検定・推定

65

表 6.2　計量値の検定の種類

母集団の数	検定の対象とする母数	母分散の情報	統計量の分布	検定統計量
1	母平均 μ	母分散 σ^2 が既知	標準正規分布	$u_0 = \dfrac{\overline{x} - \mu_0}{\sqrt{\sigma^2/n}}$
1	母平均 μ	母分散 σ^2 が未知	t 分布	$t_0 = \dfrac{\overline{x} - \mu_0}{\sqrt{V/n}}$
1	母分散 σ^2	—	χ^2 分布	$\chi_0^2 = \dfrac{S}{\sigma_0^2}$
2	母平均 μ_1 と母平均 μ_2 の差	母分散 σ_1^2, σ_2^2 が既知	標準正規分布	$u_0 = \dfrac{\overline{x}_1 - \overline{x}_2}{\sqrt{\dfrac{\sigma_1^2}{n_1} + \dfrac{\sigma_2^2}{n_2}}}$
2	母平均 μ_1 と母平均 μ_2 の差	母分散 σ^2 が未知 $\sigma_1^2 = \sigma_2^2$ の場合	t 分布	$t_0 = \dfrac{\overline{x}_1 - \overline{x}_2}{\sqrt{V\left(\dfrac{1}{n_1} + \dfrac{1}{n_2}\right)}}$ ただし $V = \dfrac{S_1 + S_2}{n_1 + n_2 - 2}$
		$\sigma_1^2 \neq \sigma_2^2$ の場合	t 分布（近似）	$t_0 = \dfrac{\overline{x}_1 - \overline{x}_2}{\sqrt{\dfrac{V_1}{n_1} + \dfrac{V_2}{n_2}}}$

もっとくわしく

注)　検定統計量の値には，下付きの 0（帰無仮説 H_0 の 0 に由来するといわれる）が付けられていることが多く，本書でもそのように表記している．

(2)　1 つの母平均の検定・推定（母分散既知）

以下の例題によって母分散が既知の場合の 1 つの母平均の検定・推定の手順を示す．

なお，母分散が既知であるということは一般的にはありえない．しかし長期にわたって管理状態にある工程では過去のデータから σ^2 を推定し，これを母分散として用いることがある．

66　　　　　　　　第6章　検定と推定

【例題6.1】

従来，製品の延性の母平均は20.0，母分散は3.0^2であった．今回，品質向上を目的に試作を行い，ランダムに選んだ試作品10個の延性を測定したところ，その平均値は22.0であった．母分散は変化しないものとして延性が大きくなったかどうか検討する．なお，延性の単位は省略してある．

【解答】

1)　検定

手順1：検定の目的の設定

母分散が既知である1つの母集団の母平均について，母平均が大きくなったかどうかの片側検定を行う．

手順2：帰無仮説 H_0 と対立仮説 H_1 の設定

母平均が大きくなったといいたいので，対立仮説を $H_1：\mu > \mu_0$ とする．

$$H_0：\mu = \mu_0 \quad (\mu_0 = 20.0)$$

$$H_1：\mu > \mu_0$$

手順3：検定統計量の選定

帰無仮説が正しく（$\mu = \mu_0 = 20.0$），母分散が既知である（$\sigma^2 = 3.0^2$）である母集団は，正規分布 $N(\mu_0, \sigma^2)$ に従う．ここからランダムに抜き取られた大きさ n のサンプルの平均値 $\bar{x}$ は，正規分布 $N(\mu_0, \dfrac{\sigma^2}{n})$ に従う．さらに，これを標準化した $u_0 = \dfrac{\bar{x} - \mu_0}{\sqrt{\sigma^2/n}}$ は，標準正規分布 $N(0, 1^2)$ に従う．

よって，検定統計量は $u_0 = \dfrac{\bar{x} - \mu_0}{\sqrt{\sigma^2/n}} = \dfrac{\bar{x} - 20.0}{\sqrt{3.0^2/n}}$ である．

手順4：有意水準の設定

有意水準 α（第1種の誤りの確率）を 0.05（5%）とする．

$$\alpha = 0.05$$

手順5：棄却域の設定

有意水準と対立仮説に応じた棄却域を設定する．

大きいほうだけを考慮した片側検定なので，棄却域は上側にだけ5%分設定する．

$$R : u_0 \geq u(2\alpha) = u(0.10) = 1.645$$

$u(0.10)$の値は，正規分布表（図6.3，付表1）より $P = 0.05$（上側確率）に相当する $K_P (= 1.645)$ を求める．

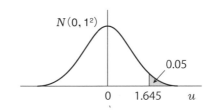

図6.3　正規分布の棄却域

手順6：検定統計量の計算

$$u_0 = \frac{\bar{x} - \mu_0}{\sqrt{\sigma^2/n}} = \frac{\bar{x} - 20.0}{\sqrt{3.0^2/n}} = \frac{22.0 - 20.0}{\sqrt{3.0^2/10}} = 2.108$$

手順7：検定結果の判定

$$u_0 = 2.108 > u(0.10) = 1.645$$

となり，検定統計量の値は棄却域に入った．よって有意である．

手順8：結論

帰無仮説 $H_0 : \mu = \mu_0 = 20.0$ は棄却され，対立仮説 $H_0 : \mu > \mu_0$ を採択する．

有意水準5%で，延性の母平均は20.0より大きくなったといえる．

2）推定

手順1：点推定

データから求めた平均値を用いて，

$$\hat{\mu} = \bar{x} = 22.0$$

となる.

手順2：区間推定

母平均の信頼率 95% の区間推定は，

$$\bar{x} \pm u(0.05)\sqrt{\frac{\sigma^2}{n}} \;=\; 22.0 \pm 1.960 \times \sqrt{\frac{3.0^2}{10}} = 22.0 \pm 1.86 = 20.14, \;\; 23.86$$

となる.

区間推定の式からわかるように，信頼区間の幅 $2u(0.05)\sqrt{\dfrac{\sigma^2}{n}}$ は，サンプルの大きさ（データ数）n が大きいほど，分散 σ^2 が小さいほど，狭くなる.

注）　本問で検定の目的が変わった場合，仮説と棄却域は以下のようになる
a)　母平均が変わったといいたい場合：

$H_0 : \mu = \mu_0$ 　（$\mu_0 = 20.0$）

$H_1 : \mu \neq \mu_0$

$R : |u_0| \geqq u(\alpha) = u(0.05) = 1.960$

b)　母平均が小さくなったといいたい場合：

$H_0 : \mu = \mu_0$ 　（$\mu_0 = 20.0$）

$H_1 : \mu < \mu_0$

$R : u_0 \leqq -u(2\alpha) = -u(0.10) = -1.645$

検定統計量は同じ u_0 を用いて判定すればよい.推定については対立仮説にかかわらず同じである.

（3）　1つの母平均の検定・推定（母分散未知）

以下の例題によって母分散が未知の場合の1つの母平均の検定・推定の手順を示す.

6.5　計量値の検定・推定　　**69**

【例題 6.2】

　従来，製品の硬さの母平均は 90.0 であった．今回，工程の簡略化を目的に製造工程の変更を行った．工程変更後の製品からランダムに選んだ 10 個のサンプルの硬さを測定したところ，下記のデータを得た．製品の硬さが変わったかどうか検討する．なお，硬さの単位は省略してある．

　データ：90　88　91　86　94　92　95　96　87　91

【解答】

1)　検定

手順 1：検定の目的の設定

　母分散が未知である 1 つの母集団の母平均について，母平均が変わったかどうかの両側検定を行う．

手順 2：帰無仮説 H_0 と対立仮説 H_1 の設定

　母平均が変わったことを調べたいので，対立仮説を $H_1：\mu \neq \mu_0$ とする．

$$H_0：\mu = \mu_0 \quad (\mu_0 = 90.0)$$

$$H_1：\mu \neq \mu_0$$

手順 3：検定統計量の選定

　母分散が既知の場合の検定統計量は，

$$u_0 = \frac{\bar{x} - \mu_0}{\sqrt{\sigma^2/n}} \sim N(0,\ 1^2)$$

であったが，母分散 σ^2 が未知の場合は，σ^2 を統計量 V で置き換えた，

$$t_0 = \frac{\bar{x} - \mu_0}{\sqrt{V/n}} \sim t(\phi)$$

が検定統計量となる．t は**自由度** $\phi = n - 1$ の t **分布**に従う．

手順 4：有意水準の設定

$$\alpha = 0.05$$

手順 5：棄却域の設定

　両側検定なので，棄却域は上側と下側に 2.5% 分ずつ設定する．

もっとくわしく

$$R：|t_0| \geq t(\phi,\ \alpha) = t(9, 0.05) = 2.262$$

$t(9,\ 0.05)$ の値は，t 分布表（**図 6.4**，**付表 2**）より自由度 $10-1=9$，$P=0.05$（両側確率であることに注意）に相当する $t(=2.262)$ を求める．

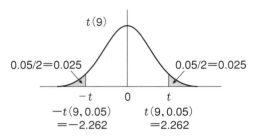

図 6.4　t 分布の棄却域

手順 6：検定統計量の計算

平均値 $\bar{x}$ の計算：

$$\bar{x} = \frac{\sum x_i}{n} = \frac{910}{10} = 91.0$$

平方和 S の計算：

$$S = \sum (x_i - \bar{x})^2 = 102.0$$

分散 V の計算：

$$V = \frac{S}{n-1} = \frac{102.0}{10-1} = 11.33$$

検定統計量 t_0 の計算：

$$t_0 = \frac{\bar{x} - \mu_0}{\sqrt{V/n}} = \frac{91.0 - 90.0}{\sqrt{11.33/10}} = 0.939$$

手順 7：検定結果の判定

$$|t_0| = 0.939 < t(9,\ 0.05) = 2.262$$

となり，検定統計量の値は棄却域には入らず，有意ではない．

6.5 計量値の検定・推定

手順 8：結論

帰無仮説 H_0：$\mu = \mu_0 = 90.0$ は棄却されない.

有意水準 5% で硬さの母平均は変わったとはいえない.

2) 推定

手順 1：点推定

データから求めた平均値を用いて,

$$\hat{\mu} = \overline{x} = 91.0$$

となる.

手順 2：区間推定

母平均の信頼率 95% の区間推定は,

$$\overline{x} \pm t(\phi, 0.05)\sqrt{\frac{V}{n}} = \overline{x} \pm t(9, 0.05)\sqrt{\frac{V}{n}} = 91.0 \pm 2.262 \times \sqrt{\frac{11.33}{10}}$$

$$= 91.0 \pm 2.4 = 88.6, 93.4$$

となる.

注) 本問で検定の目的が変わった場合, 仮説と棄却域は以下のようになる.

a) 母平均が大きくなったといいたい場合：

H_0：$\mu = \mu_0 (\mu_0 = 90.0)$

H_1：$\mu > \mu_0$

R：$t_0 \geqq t(\phi, 2\alpha) = t(9, 0.10) = 1.833$

b) 母平均が小さくなったといいたい場合：

H_0：$\mu = \mu_0 (\mu_0 = 90.0)$

H_1：$\mu < \mu_0$

R：$t_0 \leqq -t(\phi, 2\alpha) = -t(9, 0.10) = -1.833$

検定統計量は同じ t_0 を用いて判定すればよい. 推定については対立仮説にかかわらず同じである.

第6章　検定と推定

もっと知りたい

区間推定は，$t = \dfrac{\bar{x} - \mu}{\sqrt{V/n}}$ の値が下側 2.5% 点$(-t(\phi,\ 0.05))$と上側 2.5%

点$(t(\phi,\ 0.05))$の間にある確率が$(1-0.05)$であることから，

$$\Pr\left\{-t(\phi,\ 0.05) < \frac{\bar{x} - \mu}{\sqrt{V/n}} < t(\phi,\ 0.05)\right\} = 1 - 0.05 = 0.95$$

となり，これを解いて，

$$信頼上限：\mu_U = \bar{x} + t(\phi,\ 0.05)\sqrt{\frac{V}{n}}$$

$$信頼下限：\mu_L = \bar{x} - t(\phi,\ 0.05)\sqrt{\frac{V}{n}}$$

となる.

(4)　1つの母分散の検定・推定

以下の例題によって1つの母分散の検定・推定の手順を示す.

【例題 6.3】

従来，特殊ゴムの粘度の母平均は 120.0，母分散は 3.0^2 であったが，ばらつきの低減を目的に試作を行った. ランダムに選んだ試作品 21 個を測定したデータから求めた平方和は 50.00 であった. 改善の効果があったかどうか検討する. なお，粘度の単位は省略してある.

【解答】

1)　検定

手順1：検定の目的の設定

1つの母集団の母分散について，母分散が小さくなったかどうかの片側検定を行う.

手順2：帰無仮説 H_0 と対立仮説 H_1 の設定

母分散が小さくなったといいたいので，対立仮説を $H_1 : \sigma^2 < \sigma_0^2$ とする．

$H_0 : \sigma^2 = \sigma_0^2 \ (\sigma_0^2 = 3.0^2)$

$H_1 : \sigma^2 < \sigma_0^2$

手順3：検定統計量の選定

帰無仮説が正しいとき，正規分布に従う母集団 $N(\mu, \sigma^2)$ からランダムに抜き取った，大きさ n のサンプルの平方和 S を用いた $\chi_0^2 = \dfrac{S}{\sigma_0^2}$ は，自由度 $\phi = n-1$ の χ^2 分布に従う．

よって，検定統計量は，$\chi_0^2 = \dfrac{S}{\sigma_0^2}$ である．

手順4：有意水準の設定

$\alpha = 0.05$

手順5：棄却域の設定

小さいほうだけを考慮した片側検定なので，棄却域は下側にだけ5%分設定する．

$R : \chi_0^2 \leq \chi^2(\phi, 1-\alpha) = \chi^2(20, 0.95) = 10.85$

$\chi^2(20, 0.95)$ の値は，χ^2 表(**図6.5**，**付表3**)より自由度 $21-1=20$，$P=0.95$(上側確率であることに注意．下側確率が 0.05 になる)に相当する $\chi^2 (=10.85)$ を求める．

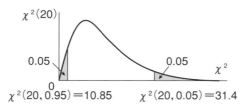

図6.5　χ^2 分布の棄却域

74　　第 6 章　検定と推定

手順 6：検定統計量の計算

$$\chi_0^2 = \frac{S}{\sigma_0^2} = \frac{50.00}{3.0^2} = 5.56$$

手順 7：検定結果の判定

$$\chi_0^2 = 5.56 < \chi^2(20,\ 0.95) = 10.85$$

となり，検定統計量の値は棄却域に入った．よって有意である．

手順 8：結論

帰無仮説 H_0：$\sigma^2 = \sigma_0^2 = 3.0^2$ は棄却され，対立仮説 H_1：$\sigma^2 < \sigma_0^2$ を採択する．

有意水準 5% で粘度の母分散は 3.0^2 より小さくなったといえる．

2)　推定

手順 1：点推定

$$\hat{\sigma}^2 = V = \frac{S}{n-1} = \frac{50.00}{20} = 2.5 = 1.58^2$$

となる．

手順 2：区間推定

母分散の信頼率 95% の区間推定は，

$$\sigma_U^2 = \frac{S}{\chi^2(20,\ 0.975)} = \frac{50.00}{9.59} = 5.2138 = 2.28^2$$

$$\sigma_L^2 = \frac{S}{\chi^2(20,\ 0.025)} = \frac{50.00}{34.2} = 1.4619 = 1.21^2$$

となる．

注)　本問で検定の目的が変わった場合，仮説と棄却域は以下のようになる．

a)　母分散が変わったといいたい場合：

　　H_0：$\sigma^2 = \sigma_0^2$　$(\sigma_0^2 = 3.0^2)$

　　H_1：$\sigma^2 \neq \sigma_0^2$

　　R：$\chi_0^2 \geq (\phi,\ \alpha/2) = \chi^2(20,\ 0.025) = 34.2$

6.5 計量値の検定・推定

または，
$$\chi_0^2 \leqq \chi^2(\phi, \ 1-\alpha/2) = \chi^2(20, \ 0.975) = 9.59$$

b) 母分散が大きくなったといいたい場合：

$H_0: \sigma^2 = \sigma_0^2 \ (\sigma_0^2 = 3.0^2)$

$H_1: \sigma^2 > \sigma_0^2$

$R: \chi_0^2 \geqq (\phi, \ \alpha) = \chi^2(20, \ 0.05) = 31.4$

検定統計量は同じ χ_0^2 を用いて判定すればよい．推定については，対立仮説にかかわらず同じである．

もっと知りたい

区間推定は，$\chi^2 = \dfrac{S}{\sigma^2}$ の値が下側 2.5% 点（$\chi^2(\phi, 1-0.025)$）と上側 2.5% 点（$\chi^2(\phi, \ 0.025)$）の間にある確率が $(1-0.05)$ であることから（χ^2 分布は左右非対称なので％点の表記に注意），

$$\mathrm{Pr}\left\{\chi^2(\phi, 0.975) < \frac{S}{\sigma^2} < \chi^2(\phi, 0.025)\right\} = 1-0.05 = 0.95$$

となり，これを解いて，

信頼上限：$\sigma_U^2 = \dfrac{S}{\chi^2(\phi, \ 0.975)}$

信頼下限：$\sigma_L^2 = \dfrac{S}{\chi^2(\phi, \ 0.025)}$

となる．

(5) 2つの母集団の母平均の差の検定・推定（母分散未知）

以下の例題によって，2つの母集団の母平均の差の検定・推定の手順を示す．

76   第6章　検定と推定

【例題6.4】

　2つの製法Ａ，Ｂで製造された製品の特性値に差があるかどうかを調べたい．各製法で製造した製品からそれぞれ9個のサンプルをランダムに採取し下記のデータを得た．なお，特性値の単位は省略してある．

Ａ：42　36　36　28　36　39　38　37　33
Ｂ：40　38　32　28　36　32　33　35　41

【解答】

1)　検定

手順1：検定の目的の設定

　母分散が未知である2つの母集団の母平均について，母平均に差があるかどうかの両側検定を行う．

手順2：帰無仮説 H_0 と対立仮説 H_1 の設定

　2つの母平均に差があることを調べたいので，対立仮説を $H_1：\mu_A \neq \mu_B$ とする．

$$H_0：\mu_A = \mu_B$$
$$H_1：\mu_A \neq \mu_B$$

手順3：検定統計量の選定

　2つの正規母集団 $N(\mu_A,\ \sigma_A^2)$，$N(\mu_B,\ \sigma_B^2)$ からランダムに抜き取られた大きさ n_A，n_B のサンプルの平均値 $\overline{x}_A$，$\overline{x}_B$ は，それぞれ正規分布 $N\left(\mu_A,\ \dfrac{\sigma_A^2}{n_A}\right)$，$N\left(\mu_B,\ \dfrac{\sigma_B^2}{n_B}\right)$ に従う．さらに，これらの差 $(\overline{x}_A - \overline{x}_B)$ は，$N\left(\mu_A - \mu_B,\ \dfrac{\sigma_A^2}{n_A} + \dfrac{\sigma_B^2}{n_B}\right)$ に従うので，これを標準化した　$u = \dfrac{(\overline{x}_A - \overline{x}_B) - (\mu_A - \mu_B)}{\sqrt{\dfrac{\sigma_A^2}{n_A} + \dfrac{\sigma_B^2}{n_B}}}$ は標準正規分布

$N(0, 1^2)$ に従う．よって帰無仮説が正しければ，$u_0 = \dfrac{\overline{x}_A - \overline{x}_B}{\sqrt{\dfrac{\sigma_A^2}{n_A} + \dfrac{\sigma_B^2}{n_B}}}$ が検定統

計量になり，標準正規分布に従う．

　本問の場合は母分散が未知である．しかし，サンプルの数の比が2倍以下である場合には，$\sigma_A^2 = \sigma_B^2$ と見なす．さらにこれを V で置き換えた，

$$t_0 = \frac{\overline{x}_A - \overline{x}_B}{\sqrt{V\left(\dfrac{1}{n_A} + \dfrac{1}{n_B}\right)}} \sim t(n_A + n_B - 2)$$

　　　ただし，$V = \dfrac{S_A + S_B}{n_A + n_B - 2}$

が検定統計量となり，自由度 $\phi = (n_A - 1) + (n_B - 1) = n_A + n_B - 2$ の t 分布に従う．

手順4：有意水準の設定

　　　$\alpha = 0.05$

手順5：棄却域の設定

両側検定なので，棄却域は上側と下側に2.5%分ずつ設定する．

　　　$R:\ |t_0| \geqq t(\phi, \alpha) = t(9 + 9 - 2, 0.05) = t(16, 0.05) = 2.120$

手順6：検定統計量の計算

平均値の計算：

　　　$\overline{x}_A = 36.11$

　　　$\overline{x}_B = 35.00$

平方和の計算：

　　　$S_A = 122.9$

　　　$S_B = 142.0$

プールした分散 V の計算：

$$V = \frac{S_A + S_B}{n_A + n_B - 2} = \frac{122.9 + 142.0}{9 + 9 - 2} = 16.56$$

検定統計量 t_0 の計算：

$$t_0 = \frac{\overline{x}_A - \overline{x}_B}{\sqrt{V\left(\dfrac{1}{n_A} + \dfrac{1}{n_B}\right)}} = \frac{36.11 - 35.00}{\sqrt{16.56 \times \dfrac{2}{9}}} = 0.579$$

手順7：検定結果の判定

$$|t_0| = 0.579 < t(n_A + n_B - 2, 0.05) = t(9 + 9 - 2, 0.05) = t(16, 0.05)$$
$$= 2.120$$

となり，検定統計量の値は棄却域には入らず，有意ではない．

手順8：結論

帰無仮説 H_0：$\mu_A = \mu_B$ は棄却されない．

有意水準5%で2つの製法の特性値の母平均には差があるとはいえない．

2）推定

手順1：母平均の差の点推定

$$\hat{\mu}_A - \hat{\mu}_B = \overline{x}_A - \overline{x}_B = 36.11 - 35.00 = 1.11$$

となる．

手順2：区間推定

母平均の差の信頼率95%の区間推定は，

$$(\overline{x}_A - \overline{x}_B) \pm t(\phi, \ \alpha)\sqrt{V\left(\frac{1}{n_A} + \frac{1}{n_B}\right)}$$

$$= 1.1 \pm 2.120 \times \sqrt{16.56 \times \frac{2}{9}} = 1.1 \pm 4.1 = -3.0, \ 5.2$$

となる．

注） 本設問で検定の目的が変わった場合，仮説と棄却域は以下のようになる

a） A の母平均が大きいといいたい場合：

$$H_0：\mu_A = \mu_B$$

$$H_1：\mu_A > \mu_B$$

$$R：t_0 \geqq t(\phi, \ 2\alpha) = t(16, \ 0.10) = 1.746$$

6.5 計量値の検定・推定

b) Bの母平均が大きいといいたい場合：

$H_0 : \mu_A = \mu_B$

$H_1 : \mu_A < \mu_B$

$R : t_0 \leqq -t(\phi, 2\alpha) = -t(16, 0.10) = -1.746$

検定統計量は同じ t_0 の値と比較して判定すればよく，推定については対立仮説にかかわらず同じである．

もっと知りたい

区間推定は，$t_0 = \dfrac{(\overline{x}_A - \overline{x}_B) - (\mu_A - \mu_B)}{\sqrt{V\left(\dfrac{1}{n_A} + \dfrac{1}{n_B}\right)}}$ の値が下側 2.5%点（$-t(\phi, 0.05)$）

と上側 2.5% 点（$t(\phi, 0.05)$）の間にある確率が $(1-0.05)$ であることから，

$$\Pr\left\{-t(\phi, 0.05) < t_0 = \frac{(\overline{x}_A - \overline{x}_B) - (\mu_A - \mu_B)}{\sqrt{V\left(\dfrac{1}{n_A} + \dfrac{1}{n_B}\right)}} < t(\phi, 0.05)\right\}$$

$$= 1 - 0.05 = 0.95$$

となり，これを解いて，

信頼上限：$(\mu_A - \mu_B)_U = (\overline{x}_A - \overline{x}_B) + t(\phi, 0.05)\sqrt{V\left(\dfrac{1}{n_A} + \dfrac{1}{n_B}\right)}$

信頼下限：$(\mu_A - \mu_B)_L = (\overline{x}_A - \overline{x}_B) - t(\phi, 0.05)\sqrt{V\left(\dfrac{1}{n_A} + \dfrac{1}{n_B}\right)}$

となる．

もっとくわしく

第7章

実験計画法

まずはここから

実験計画法の基本的な考え方，一元配置実験と二元配置実験の概要について学ぶ．

もっとくわしく

一元配置実験と二元配置実験（繰返しのある場合とない場合）の解析の手順，その他の実験計画法の概要について学ぶ．

第7章 実験計画法

まずはここから

7.1 結果をもたらす原因を調べる——実験計画法

統計的方法の鬼門ともいえる「検定・推定」を乗り越えた．なんとなくわかった，と感じていただいただけでも十分である．では元気を出して，もう少し「統計的方法」という森の奥へ進んでみよう．

次の関門は「実験計画法」である．「そんな難しそうな話は勘弁，勘弁！」「化学の実験のことですか？ 中学校以来やってないし，今後，金輪際使うことはないよ」といわずに，少しお付き合いを．

第6章では，2つの母集団の母平均の差を検定することを学んだ．では，「3つ以上の母集団ならどうするの？」という疑問がわいても不思議ではない．

実は，この3つ以上の母集団を扱う統計的方法の代表が，実験計画法なのである．実験計画法では分散分析法という手法を使うので，「分散」に関する解析を行うものと誤解される方も多いのだが，実は「3つ以上の母平均」に関する解析を行う手法なのである．

第6章では，2つの母平均の差についての検定や推定を行う手順を学んだ．では，ここでその母平均に差をもたらしている**要因**(原因)について考えてみよう．

【例題6.4】で2つの製法による母平均の差を検討したが，この製法の違いが加熱温度の違いだけであったとしたらどうであろう．「2つの製法による母平均の差」は，「加熱温度による母平均への影響」ということと同義となるだろう．すなわち，「特性値に及ぼす加熱温度の影響」があるのかどうかを調べていることになる．

実験計画法では，加熱温度のように特性値に影響を及ぼす要因を**因子**と呼ぶ．因子はその条件を段階的に変えることによって，その影響の程度を知ることができる．例えば，加熱温度を100℃，120℃，140℃，160℃と変えるのである．因子による影響があることを**効果**があるという．また，このように変え

た段階のことを**水準**といい，水準の数(変えた段階の数)を**水準数**という．もちろん，水準数は 2 だけではなく 3 以上でもよい．

これまで学んできたように，因子の水準が同じ条件であってもいつも同じ結果になるわけではない．サンプルから得られたデータは確率変数なので，必ずばらつき(**誤差**)を伴う．したがって，誤差も含めた要因の効果の中で取り上げた因子による変動が大きければ，因子の効果がある(因子の水準を変えることによって母平均が異なる)と判断する．この考え方が実験計画法の基本である．

2 つの母平均の差の検定では，それぞれの母集団から採取されたデータの成り立ち(**データの構造**という)を，

> **母平均①＋誤差**
>
> **母平均②＋誤差**

と考えたが，実験計画法では，

> **全体の母平均＋加熱温度を水準①にした効果＋誤差**
>
> **全体の母平均＋加熱温度を水準②にした効果＋誤差**

ただし，以下とする．

> **加熱温度を水準①にした効果＋加熱温度を水準②にした効果＝ 0**

と考える．母平均の差を加熱温度という因子の効果に置き換えていることがわかる．

このようにして，誤差によるばらつきと加熱温度によるばらつきを比較して(検定して)，後者が大きければ，加熱温度という因子の効果があると判断するのである．

7.2 原因は 1 つ —— 一元配置実験

実験計画法において，最も基本的なものが**一元配置実験**である．一元配置実験では 1 つの因子を取り上げて，その効果(**主効果**という)の検定や特定の水準での母平均の推定を行うことなどができる．

7.3 原因は2つ —— 二元配置実験

　実験計画法では，2つ以上の因子を同時に取り上げてその効果を検定することもできる．因子が2つの場合を**二元配置実験**，3因子以上の場合を**多元配置実験**と呼ぶ．二元配置実験では因子 A と因子 B を取り上げて，因子 A の効果，因子 B の効果，さらに A と B の組合せによる効果（**交互作用効果**という）を検定したり，水準の組合せにおける母平均の推定を行うことなどができる．

　二元配置実験におけるデータの構造は，例えば以下となる．

全体の母平均＋加熱温度を水準①にした効果＋圧力を水準①にした効果
　　　　＋加熱温度①と圧力①の組合せ効果＋誤差

全体の母平均＋加熱温度を水準①にした効果＋圧力を水準②にした効果
　　　　＋加熱温度①と圧力②の組合せ効果＋誤差

全体の母平均＋加熱温度を水準②にした効果＋圧力を水準①にした効果
　　　　＋加熱温度②と圧力①の組合せ効果＋誤差

全体の母平均＋加熱温度を水準②にした効果＋圧力を水準②にした効果
　　　　＋加熱温度②と圧力②の組合せ効果＋誤差

ただし，以下とする．

加熱温度を水準①にした効果＋加熱温度を水準②にした効果＝0

圧力を水準①にした効果＋圧力を水準②にした効果＝0

加熱温度①と圧力①の組合せ効果＋加熱温度①と圧力②の組合せ効果＝0

加熱温度②と圧力①の組合せ効果＋加熱温度②と圧力②の組合せ効果＝0

加熱温度①と圧力①の組合せ効果＋加熱温度②と圧力①の組合せ効果＝0

加熱温度①と圧力②の組合せ効果＋加熱温度②と圧力②の組合せ効果＝0

　二元配置実験では，繰返し（2つの因子の水準の組合せごとに複数回実験を行う）を行えば，各因子の効果のほか，組合せの効果である交互作用の効果が検定できる．

7.3 原因は2つ── 二元配置実験

知っておきたい

- 実験計画法は，3つ以上の母平均に関する検定を行っている．
- 実験計画法では，母平均に差をもたらしている要因を因子といい，因子を変えた段階を水準という．分散分析法によって，因子の効果の有無を検定する．また，特定の水準での母平均の推定もできる．
- 1つの因子を取り上げる実験を一元配置実験という．
- 2つの因子を取り上げる実験を二元配置実験という．繰返しのある二元配置実験では，交互作用の効果も検定できる．

もっとくわしく

7.4 実験計画法

（1） 実験計画法とは

鉄鋼材料の強度に影響を及ぼすと考えられる要因について，実験を行って下記のことが知りたいとする.

① 炭素含有量を，0.30%，0.35%，0.40%，0.45% と変化させた. 炭素含有量は鉄鋼材料の強度に影響があるのか？

② 鉄鋼材料は，焼入れを行って強度を高める. 900℃，920℃，940℃と焼入れ温度を変えることによって強度は変化するのか？

③ 炭素含有量や焼入れ温度が強度に影響する場合，強度をもっとも高くする条件はどれか？ そのときの強度はどれくらいか？

④ 実験の誤差はどれくらいの大きさか？

ここで，炭素含有量や焼入れ温度が２種類であれば，２組の母集団の平均について調べる「２つの母平均の差の検定・推定」によって，検定・推定することができる. しかし，①，②のように母集団が３つ以上ある場合は，分散分析と呼ばれる手法によって，複数の母集団の「母平均の一様性」を検定する. また，③，④についても，分散分析後の推定を行うことで解が得られる. これらの解析手法が，**実験計画法**である.

分散分析とは，特性値（ここでは鉄鋼材料の強度）のばらつきを分散で表し，その分散をさまざまな原因（炭素含有量，焼入れ温度）ごとに分解することにより，誤差の分散に比べて大きな影響を与えている原因がどれであるのかを調べる手法である.

分散分析を行うことによって，以下の情報を得ることができる.

1） 要因効果の検定

多くの要因のうち，どの要因が特性値に対して無視できない程度の大きな影響を及ぼしているかどうかを検証する.

7.4 実験計画法

2) 要因効果の推定

それらの要因の影響がどの程度の大きさかを推定する.

3) 誤差の推定

影響の大きな要因を除いた残りの要因が, 全体でどの程度の影響を及ぼしているのかを推定する.

実験計画法とは, 「計画的にデータを採取して, そのデータを解析するための一連の統計的方法」である. 実験計画法によって実験を計画・実施し, 得られたデータに対し分散分析を行うことにより上記の情報が得られる. 実験計画法は, 新製品開発や, 工程の改善においてきわめて有効なものである.

(2) 実験計画法における用語

実験計画法において用いられる用語の基本的なものを示す.

1) 因子

実験を行う際に, 多くの要因の中から特性値に影響を与えると考えて取り上げた要因. 材料の成分, 温度, 電流, 電圧, 機械の種類などで, A, B, C など大文字の記号で表す.

2) 水準

因子の影響の程度を知るため, 因子の条件を変えた段階のこと. 温度を因子にとった場合は 900℃, 920℃, 940℃ という値のこと. 通常, 因子と水準は A_1, A_2, A_3, あるいは B_1, B_2, B_3 など, 因子の記号に 1, 2, 3 などの添字をつけて表す.

3) 水準数

水準の数のこと. 温度を因子にして 900℃, 920℃, 940℃ の水準を取り上げた場合は, 水準数が 3 となる.

4) 繰返し

同じ水準の条件で実験を複数回行う場合, 「繰返しがある」といい, その回数を繰返し数という.

もっとくわしく

5) 主効果

1つの因子の効果のうち，他の因子に影響されない，その因子固有の効果のこと．

6) 交互作用効果

2因子以上の水準の組合せで生じる効果のこと．因子 A の効果が他の因子 B の水準によって異なる場合，A と B の2因子交互作用があるという．

7) 誤差

実験の場の変動を表す．

もっと知りたい

因子には**母数因子**と**変量因子**がある．母数因子は，要因効果がそれぞれ一定の値で示され，因子の水準を技術的に指定することができる．一方，変量因子は，要因効果が，ある確率分布に従う確率変数と見なされ，分散成分の推定が主目的で，因子の水準を技術的に指定することには意味がない．

---

(3) 実験計画法の種類

実験計画法には，さまざまな方法がある．ここでは因子の数による分類を示す．

① **一元配置実験**：取り上げた因子の数が1つの場合

② **二元配置実験**：取り上げた因子の数が2つの場合

③ **三元配置実験**：取り上げた因子の数が3つの場合

三元配置実験以上のものを**多元配置実験**と総称する場合が多い．

同じ条件で実験が繰り返されたものを「**繰返しのある二元配置実験**」などという．

7.5 一元配置実験

(1) 一元配置実験とは

一元配置実験とは，実験に因子を1つだけ取り上げ，その因子の水準において複数回の繰返しを行う計画である．特性値に対し，特に大きな影響を与えていると思われる1因子の効果を調べたいときなどに適用する．

一元配置実験では，因子の水準数，各水準ごとの繰返し数に制限はないが，一般的には3～5水準，繰返し数は3～10にする．また，各水準ごとの繰返し数は異なってもよい．

(2) 一元配置実験の分散分析の手順

データ全体のばらつきを平方和で表し，これを因子の効果による平方和と誤差による平方和に分解する．これらを分散の形にして分散比を求め，F検定を行うことによって因子の効果を誤差と比較する．

以下の例題によって一元配置実験の解析の手順を示す．

【例題 7.1】

製品の特性値の向上を目的に，均熱時間Aの影響を調べるため一元配置実験を行い，表7.1のデータを得た．分散分析を行う．ただし，実験順序はランダマイズして実施したが，実験の都合から繰返し数が異なっている．

表7.1 データ表（単位省略）

均熱時間	データ				
A_1(60分)	15	20	20	25	
A_2(65分)	37	45	55	50	60
A_3(70分)	30	25	30		
A_4(75分)	35	25	40	50	

第7章　実験計画法

【解答】

手順1：データの構造式の設定

A_i 水準で行われた第 j 番目のデータ x_{ij} の構造は，以下のようになる．

$$x_{ij} = \mu + a_i + \varepsilon_{ij}$$

ただし，

μ：一般平均

a_i：因子 A の主効果　$(i = 1, 2, \cdots, l)$，$\displaystyle\sum_i a_i = 0$

ε_{ij}：誤差　$(j = 1, 2, \cdots, r_i)$

もっと知りたい

誤差は，互いに独立で母平均 0 の正規分布に従っていると考える．

a_i は因子 A によって各水準の母平均が異なっていることを表し，

$$a_1 + a_2 + a_3 + a_4 = 0$$

と考える．ここで，A の効果がなければ，$a_1 = a_2 = a_3 = a_4 = 0$ となる．以降の分散分析は，

帰無仮説 H_0：$a_1 = a_2 = a_3 = a_4 = 0$

対立仮説 H_1：a_1, a_2, a_3, a_4 のうち少なくともひとつは 0 でない

の検定を行っている．4つの母集団の母平均の一様性の検定を行っていることが理解できるだろう．

手順2：各水準ごとのデータの和，データの総和，データの総数，データの 2乗の総和の計算

計算補助表（表 7.2，表 7.3）を作成する．

7.5 一元配置実験

表 7.2 計算補助表(1)

均熱時間	データ					A_i 水準のデータの和	$(A_i$ 水準のデータの和$)^2$
A_1(60 分)	15	20	20	25		80	6400
A_2(65 分)	37	45	55	50	60	247	61009
A_3(70 分)	30	25	30			85	7225
A_4(75 分)	35	25	40	50		150	22500
計						$T = 562$	

表 7.3 計算補助表(2)

均熱時間	データの 2 乗					計
A_1(60 分)	225	400	400	625		1650
A_2(65 分)	1369	2025	3025	2500	3600	12519
A_3(70 分)	900	625	900			2425
A_4(75 分)	1225	625	1600	2500		5950
計						22544

各水準ごとのデータの和：$T_i. = \sum_j x_{ij}$

データの総和：$T = 562$

データの総数：$N = 16$

データの 2 乗の総和：$\sum_i \sum_j x_{ij}^2 = 22544$

手順 3：平方和の計算

修正項：

$$CT = \frac{(\text{データの総和})^2}{(\text{データの総数})} = \frac{T^2}{N} = \frac{562^2}{16} = 19740$$

総平方和：

$$S_T = (\text{データの 2 乗の総和}) - (\text{修正項}) = \sum_i \sum_j x_{ij}^2 - CT$$

$$= 22544 - 19740 = 2804$$

因子 A の平方和：

$$S_A = \sum_i \frac{(A_i \text{ 水準のデータの和})^2}{(A_i \text{ 水準のデータ数})} - (\text{修正項})$$

$$= \sum_i \frac{T_i \cdot^2}{r_i} - CT$$

$$= \frac{6400}{4} + \frac{61009}{5} + \frac{7225}{3} + \frac{22500}{4} - 19740 = 2095$$

なお，各水準における繰返し数 r が等しいときには，

$$S_A = \frac{\sum_i (A_i \text{ 水準のデータの和})^2}{(\text{繰返し数})} - (\text{修正項}) = \sum_i \frac{T_i \cdot^2}{r} - CT$$

によって求めることができる.

誤差平方和：

$$S_E = S_T - S_A = 2804 - 2095 = 709$$

手順 4：自由度の計算

総平方和の自由度：

$$\phi_T = (\text{データの総数}) - 1 = 16 - 1 = 15$$

因子 A の自由度：

$$\phi_A = (A \text{ の水準数}) - 1 = 4 - 1 = 3$$

誤差の自由度：

$$\phi_E = \phi_T - \phi_A = 15 - 3 = 12$$

手順 5：分散分析表の作成

上で求めた各平方和と自由度を表 7.4 のように記入し，さらに表 7.4 の手順により，分散（平均平方）V および分散比 F_0 を求める.

7.5　一元配置実験

表 7.4　分散分析表

要因	平方和 S	自由度 ϕ	分散 V	分散比 F_0	$F(\alpha)$
A	S_A	ϕ_A	$V_A = S_A/\phi_A$	$F_0 = V_A/V_E$	$F(\phi_A, \phi_E ; \alpha)$
E	S_E	ϕ_E	$V_E = S_E/\phi_E$		
計	S_T	ϕ_T			

$$V_A = S_A/\phi_A = 2095/3 = 698.3$$
$$V_E = S_E/\phi_E = 709/12 = 59.1$$
$$F_0 = V_A/V_E = 698.3/59.1 = 11.8$$

完成した分散分析表を表 7.5 に示す.

表 7.5　分散分析表

要因	平方和 S	自由度 ϕ	分散 V	分散比 F_0	$F(0.05)$
A	2095	3	698.3	11.8*	3.49
E	709	12	59.1		
計	2804	15			

手順 6：判定

分散分析表で求めた分散比 F_0 を, F 分布表より求めた棄却限界値と比較し判定する.

すなわち, 有意水準 α にて

$$R : F_0 \geqq F(\phi_A, \ \phi_E ; \alpha)$$

が成り立てば, 有意水準 α で「有意である」と判断し, 因子 A は特性値に影響を及ぼしている(効果がある)といえる. 有意水準としては $\alpha = 0.05$ を用いるが, 0.01 とする場合もある.

$$F_0 = 11.8 \geqq F(\phi_A, \ \phi_E ; \alpha) = F(3, \ 12 ; 0.05) = 3.49$$

94　　第 7 章　実験計画法

となり，因子 A は有意水準 5% で有意であると判断された．

　注)　分散分析表において，有意の場合には F_0 値の右肩に * をつけることが
　　　ある．5% 有意では *，1% 有意では ** とする習慣がある．

もっと知りたい

　この検定は，以下のことを行っている．

　帰無仮説は，$H_0 : a_1 = a_2 = a_3 = a_4 = 0$ であったので，帰無仮説が正
しければ，$\sum a_i^2 = 0$ となる．このとき，分散の比 $F_0 = V_A/V_E$ は 1 に近
くなるので，逆に F_0 の値が棄却限界値 $F(\phi_A, \phi_E ; \alpha)$ より大きくなれば，
$\sum a_i^2 \neq 0$ と判定される．すなわち，a_1，a_2，a_3，a_4 のいずれかが 0 では
ない，因子 A の効果があったといえる．

　後述の二元配置実験の場合も同様に考える．

(3)　分散分析後の推定の手順

　分散分析表によって要因効果の検定を行ったのち，以下のような推定を行う
ことによって，その後のアクションにつなげることができる．

　①　ある水準における母平均はどれくらいか？

　②　ある水準と別のある水準の母平均の差はどれくらいか？

　③　誤差の大きさはどれくらいか？

【例題 7.2】

例題 7.1 のデータを用いて推定を行え．

【解答】

手順 1：各水準における母平均の推定

A_i 水準の母平均 $\mu(A_i)$ の点推定：

7.5 一元配置実験

$$\hat{\mu}(A_i) = \overline{x}_i . = \frac{(A_i \text{ 水準のデータの和})}{(A_i \text{ 水準のデータ数})} = \frac{T_i .}{r_i}$$

各水準の点推定値を求める.

$$\hat{\mu}(A_1) = \overline{x}_1 . = \frac{(A_1 \text{ 水準のデータの和})}{(A_1 \text{ 水準のデータ数})} = \frac{T_1 .}{r_1} = \frac{80}{4} = 20.00$$

$$\hat{\mu}(A_2) = \overline{x}_2 . = \frac{(A_2 \text{ 水準のデータの和})}{(A_2 \text{ 水準のデータ数})} = \frac{T_2 .}{r_2} = \frac{247}{5} = 49.40$$

$$\hat{\mu}(A_3) = \overline{x}_3 . = \frac{(A_3 \text{ 水準のデータの和})}{(A_3 \text{ 水準のデータ数})} = \frac{T_3 .}{r_3} = \frac{85}{3} = 28.33$$

$$\hat{\mu}(A_4) = \overline{x}_4 . = \frac{(A_4 \text{ 水準のデータの和})}{(A_4 \text{ 水準のデータ数})} = \frac{T_4 .}{r_4} = \frac{150}{4} = 37.50$$

信頼率 $(1 - \alpha)$ での区間推定:

$$\hat{\mu}(A_i) \pm t(\phi_E, \alpha)\sqrt{\frac{V_E}{r_i}}$$

ϕ_E は分散分析表の誤差の自由度,V_E は分散分析表の誤差分散.
各水準の信頼率 95% の区間推定を行う.

$$\hat{\mu}(A_1) = t(\phi_E, \alpha)\sqrt{\frac{V_E}{r_1}} = 20.00 \pm t(12, 0.05)\sqrt{\frac{59.1}{4}}$$

$$= 20.00 \pm 2.179 \times \sqrt{\frac{59.1}{4}} = 20.00 \pm 8.38 = 11.62, 28.38$$

$$\hat{\mu}(A_2) = t(\phi_E, \alpha)\sqrt{\frac{V_E}{r_2}} = 9.40 \pm t(12, 0.05)\sqrt{\frac{59.1}{5}}$$

$$= 49.40 \pm 2.179 \times \sqrt{\frac{59.1}{5}} = 49.40 \pm 7.49 = 41.91, 56.89$$

$$\hat{\mu}(A_3) = t(\phi_E, \alpha)\sqrt{\frac{V_E}{r_3}} = 28.33 \pm t(12, 0.05)\sqrt{\frac{59.1}{3}}$$

$$= 28.33 \pm 2.179 \times \sqrt{\frac{59.1}{3}} = 28.33 \pm 9.67 = 18.66, 38.00$$

もっとくわしく

96　　　第 7 章　実験計画法

$$\hat{\mu}(A_4) = t(\phi_E, \ \alpha)\sqrt{\frac{V_E}{r_4}} = 37.50 \pm t(12, \ 0.05)\sqrt{\frac{59.1}{4}}$$

$$= 37.50 \pm 2.179 \times \sqrt{\frac{59.1}{4}} = 37.50 \pm 8.38 = 29.12, \ \ 45.88$$

手順 2：特定の水準における母平均の差の推定

A_i 水準の母平均 $\mu(A_i)$ と $A_{i'}$ 水準の母平均 $\mu(A_{i'})$ との差の点推定：

$$\hat{\mu}(A_i) - \hat{\mu}(A_{i'}) = \overline{x}_i. - \overline{x}_{i'}.$$

$$= \frac{(A_i \ 水準のデータの和)}{(A_i \ 水準のデータ数)} - \frac{(A_{i'} \ 水準のデータの和)}{(A_{i'} \ 水準のデータ数)}$$

$$= \frac{T_i.}{r_i} - \frac{T_{i'}.}{r_{i'}}$$

A_2 水準と A_1 水準の母平均の差の点推定値を求める．

$$\hat{\mu}(A_2) - \hat{\mu}(A_1) = \overline{x}_2. - \overline{x}_1.$$

$$= \frac{(A_2 水準のデータの和)}{(A_2 \ 水準のデータ数)} - \frac{(A_1 水準のデータの和)}{(A_1 \ 水準のデータ数)}$$

$$= \frac{T_2.}{r_2} - \frac{T_1.}{r_1} = 49.40 - 20.00 = 29.40$$

信頼率 $(1 - \alpha)$ の区間推定：

$$\hat{\mu}(A_i) - \hat{\mu}(A_{i'}) \pm t(\phi_E, \ \alpha)\sqrt{\left(\frac{1}{r_i} + \frac{1}{r_{i'}}\right)V_E}$$

A_2 水準と A_1 水準の母平均の差の信頼率 95% の区間推定を行う．

$$\hat{\mu}(A_2) - \hat{\mu}(A_1) \pm t(\phi_E, \ \alpha)\sqrt{\left(\frac{1}{r_2} + \frac{1}{r_1}\right)V_E}$$

$$= 29.40 \pm t(12, \ 0.05) \times \sqrt{\left(\frac{1}{5} + \frac{1}{4}\right) \times 59.1} = 29.40 \pm 2.179 \times \sqrt{26.595}$$

$$= 29.40 \pm 11.24 = 40.64, \ \ 18.16$$

手順 3：誤差の推定

誤差の点推定：

$$\hat{\sigma}_E{}^2 = V_E$$

誤差の点推定値を求める.

$$\hat{\sigma}_E{}^2 = V_E = 59.1 = 7.69^2$$

信頼率 $(1-\alpha)$ の区間推定:

$$\text{信頼上限}: \sigma_U{}^2 = \frac{S_E}{\chi^2(\phi_E,\ 1-\frac{\alpha}{2})}$$

$$\text{信頼下限}: \sigma_L{}^2 = \frac{S_E}{\chi^2(\phi_E,\ \frac{\alpha}{2})}$$

信頼率 95% の区間推定を行う.

$$\text{信頼上限}: \sigma_U{}^2 = \frac{S_E}{\chi^2(\phi_E,\ 1-\frac{\alpha}{2})} = \frac{709}{\chi^2(12,\ 0.975)} = \frac{709}{4.40}$$

$$= 161.1 = 12.69^2$$

$$\text{信頼下限}: \sigma_L{}^2 = \frac{S_E}{\chi^2(\phi_E,\ \frac{\alpha}{2})} = \frac{709}{\chi^2(12,\ 0.025)} = \frac{709}{23.3}$$

$$= 30.43 = 5.52^2$$

7.6 二元配置実験

（1） 二元配置実験とは

　二元配置実験とは，2つの因子を取り上げ，因子 A を l 水準，因子 B を m 水準とり，両因子の各水準のすべての組合せ条件において実験を行うものである．各組合せ条件においてそれぞれ1回ずつ実験を行う計画は「**繰返しのない二元配置実験**」といい，各組合せ条件において複数回の繰返しを行う計画を「**繰返しのある二元配置実験**」という．

繰返しのない二元配置実験は，2因子交互作用が誤差と**交絡**し，その効果の検出ができない．したがって，2因子交互作用が無視できるという場合に用いる．

（2）　繰返しのある二元配置実験

因子を2つ取り上げ，両因子の各水準のすべての組合せ条件で，複数回の繰返しを行う実験を繰返しのある二元配置実験といい，繰返しのない実験に比べて以下の利点がある．

①　交互作用の効果を求めることができる．

②　誤差項と交互作用を分離できる．

③　繰返しのデータから，誤差の等分散性のチェックができる．

2因子交互作用が無視できないと考えられる場合には，繰返しのある二元配置実験を用いる．

（3）　主効果と交互作用

実験によって得られたデータには，取り上げた因子の単独の影響（主効果），実験の場の影響（誤差）のほかに，因子と因子の組合せの影響が現れる場合がある．

因子AとBの主効果のみが独立に加わる場合には，因子Aの水準が異なっても因子Bの効果は変化しない．しかし，因子Aの水準が異なったときに因子Bの効果が変化することがある．このとき，因子AとBとの間には交互作用があるといい，このような因子の組合せによる影響を交互作用効果（$A \times B$）と呼ぶ．**図7.1 (a)**，**(b)**に交互作用のない場合，**図7.1 (c)**，**(d)**に交互作用のある場合のデータのグラフを示す．

繰返しのない二元配置法では，総平方和は主効果の平方和と誤差平方和に分解されるだけで，交互作用が存在していても，その効果は誤差と交絡し分離できない．したがって，交互作用の有無を検出するには，繰返しのある二元配置法を計画し，総平方和を，因子Aの平方和，因子Bの平方和，交互作用$A \times B$の平方和および誤差平方和に分解する必要がある．

7.6 二元配置実験

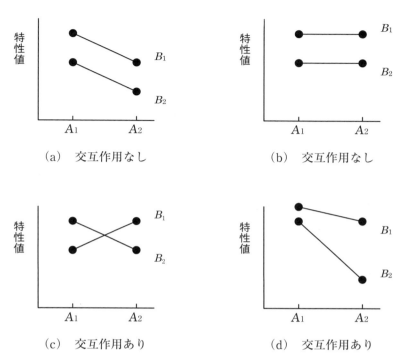

図 7.1　交互作用の有無とデータのグラフ

　グラフを見ることによって，主効果，交互作用効果の有無を推察することもできる．

　まず，主効果があるとは，各因子の水準間で差があるということであり，グラフでは，

　　　(A_1 水準の平均値)と(A_2 水準の平均値)とに差がある

　　　(B_1 水準の平均値)と(B_2 水準の平均値)とに差がある

場合になる．

　一方，交互作用があるとは，$A(B)$ の効果が，$B(A)$ の水準によって異なるということであり，例えば，B_1 水準では A_1 水準のほうが小さい値なのに，B_2 水準では A_2 水準のほうが小さくなるなどの現象が現れる．グラフでは，層別した 2 本の直線が平行でない状態を示すことになる．図 7.2 に一例を示す．

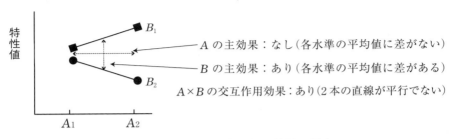

図 7.2　主効果と交互作用効果の見方

（4） 繰返しのある二元配置実験の分散分析の手順

以下の例題によって繰返しのある二元配置実験の分散分析の手順を示す．

【例題 7.2】

因子 A を 4 水準，因子 B を 3 水準，繰返し 2 回の $l \times m \times r (4 \times 3 \times 2)$ 回の全実験順序をランダムに行い，表 7.6 のデータが得られた．

特性値の値は大きいほうがよいものとする．このデータを用いて分散分析を行う．

表 7.6　データ表（単位省略）

	B_1	B_2	B_3
A_1	30 26	35 32	28 32
A_2	29 31	39 34	34 30
A_3	19 25	37 38	25 28
A_4	13 17	23 32	21 28

7.6 二元配置実験

【解答】

手順1：データの構造式の設定

$A_i B_j$ 水準で行われた第 k 番目のデータ x_{ijk} の構造は，以下のようになる．

$$x_{ijk} = \mu + a_i + b_j + (ab)_{ij} + \varepsilon_{ijk}$$

ただし，

μ：一般平均

a_i：因子 A の主効果　$(i = 1, 2, \cdots, l)$，$\displaystyle\sum_i a_i = 0$

b_j：因子 B の主効果　$(j = 1, 2, \cdots, m)$，$\displaystyle\sum_j b_j = 0$

$(ab)_{ij}$：A と B の交互作用効果

ε_{ijk}：誤差　$(k = 1, 2, \cdots, n)$，$\displaystyle\sum_i (ab)_{ij} = 0$，$\displaystyle\sum_j (ab)_{ij}$

もっと知りたい

誤差は，互いに独立で母平均0の正規分布に従っていると考える．

一元配置実験と同様に考えて，以降の分散分析は，

$$H_0 : a_1 = a_2 = a_3 = a_4 = 0$$

帰無仮説　$H_0 : b_1 = b_2 = b_3 = b_4 = 0$

$$H_0 : (ab)_{11} = (ab)_{12} = \cdots = (ab)_{43} = 0$$

の検定を行っている．

手順2：計算補助表の作成

それぞれの組合せで計算し，**表7.7〜7.9**のように計算補助表を作成する．

第 7 章　実験計画法

表 7.7　計算補助表（データの 2 乗の表）

	B_1	B_2	B_3	計
A_1	900 676	1225 1024	784 1024	5633
A_2	841 961	1521 1156	1156 900	6535
A_3	361 625	1369 1444	625 784	5208
A_4	169 289	529 1024	441 784	3236
計	4822	9292	6498	20612

表 7.8　計算補助表 $T_{ij\cdot}$ 表

	B_1	B_2	B_3	$T_{i\cdot\cdot}$	$T_{i\cdot\cdot}{}^2$
A_1	56	67	60	183	33489
A_2	60	73	64	197	38809
A_3	44	75	53	172	29584
A_4	30	55	49	134	17956
$T_{\cdot j\cdot}$	190	270	226	686	119838
$T_{\cdot\cdot j}{}^2$	36100	72900	51076	160076	686^2 $= 470596$

表 7.9　計算補助表 $T_{ij\cdot}{}^2$ 表

	B_1	B_2	B_3	計
A_1	3136	4489	3600	11225
A_2	3600	5329	4096	13025
A_3	1936	5625	2809	10370
A_4	900	3025	2401	6326
計	9572	18468	12906	40946

手順 3：平方和の計算

修正項：$CT = \dfrac{（データの総和）^2}{（データの総数）} = \dfrac{T^2}{N} = \dfrac{686^2}{24} = \dfrac{470596}{24} = 19608$

総平方和：$S_T = （データの2乗の総和）-（修正項）$

$$= \sum_i \sum_j \sum_k x_{ijk}^2 - CT = 20612 - 19608 = 1004$$

因子 A の平方和：

$$S_A = \sum_i \dfrac{（A_i\,水準のデータの和）^2}{（A_i\,水準のデータ数）} -（修正項）$$

$$= \sum_i \dfrac{T_i..^2}{m \times r} - CT = \dfrac{119838}{3 \times 2} - 19608 = 365$$

因子 B の平方和：

$$S_B = \sum_j \dfrac{（B_i\,水準のデータの和）^2}{（B_i\,水準のデータ数）} -（修正項）$$

$$= \sum_i \dfrac{T_{\cdot j}.^2}{l \times r} - CT = \dfrac{160076}{4 \times 2} - 19608 = 401$$

級間の平方和：

$$S_{AB} = \sum_i \sum_j \dfrac{（A_iB_j\,水準のデータの和）^2}{（A_iB_j\,水準のデータ数）} -（修正項）$$

$$= \sum_i \sum_j \dfrac{T_{ij}.^2}{r} - CT = \dfrac{40946}{2} - 19608 = 865$$

交互作用の平方和：

$$S_{A \times B} = S_{AB} - S_A - S_B = 865 - 365 - 401 = 9$$

誤差平方和：

$$S_E = S_T - S_{AB} = 1004 - 865 = 139$$

第7章　実験計画法

もっと知りたい

S_A の計算で，計算式の(A_i 水準のデータの和)とは，表 7.8 の $T_i..$ にあたる．また，(A_i 水準のデータ数)とは，(A_i 水準のデータの和)が，(いくつの元のデータの和になっているか)を表すものである．この場合，表 7.6 から，B(3 水準)，繰返し 2 回なので，6 個のデータの和になっていることがわかる．

注意すべきは，(A_i 水準のデータ数)は，(A の水準数)とは関係のないことである．

S_B についても同様に，(B_j 水準のデータ数)は，A(4 水準)，繰返し 2 回なので 8 個のデータの和になっている．

S_{AB} についても，(A_iB_j 水準のデータ数)は，繰返し 2 回なので 2 個のデータの和になっている．

手順 4：自由度の計算

総平方和の自由度：

$$\phi_T = (\text{データの総数}) - 1 = 24 - 1 = 23$$

因子 A の自由度：

$$\phi_A = (A \text{ の水準数}) - 1 = 4 - 1 = 3$$

因子 B の自由度：

$$\phi_B = (B \text{ の水準数}) - 1 = 3 - 1 = 2$$

交互作用の自由度：

$$\phi_{A \times B} = \phi_A \times \phi_B = 3 \times 2 = 6$$

誤差の自由度：

$$\phi_E = \phi_T - (\phi_A + \phi_B + \phi_{A \times B}) = 23 - (3 + 2 + 6) = 12$$

手順 5：分散分析表の作成

上で求めた各平方和と自由度を表 7.10 のように記入し，さらに表 7.10 の手

7.6 二元配置実験

順により，分散（平均平方）V および分散比 F_0 を求める．

表 7.10　分散分析表

要因	平方和S	自由度ϕ	分散 V	分散比 F_0	$F(\alpha)$
A	S_A	ϕ_A	$V_A = S_A / \phi_A$	$F_{0(A)} = V_A / V_E$	$F(\phi_A, \phi_E; \alpha)$
B	S_B	ϕ_B	$V_B = S_B / \phi_B$	$F_{0(B)} = V_B / V_E$	$F(\phi_B, \phi_E; \alpha)$
$A \times B$	$S_{A \times B}$	$\phi_{A \times B}$	$V_{A \times B} = S_{A \times B} / \phi_{A \times B}$	$F_{0(A \times B)} = V_{A \times B} / V_E$	$F(\phi_{A \times B}, \phi_E; \alpha)$
E	S_E	ϕ_E	$V_E = S_E / \phi_E$		
計	S_T	ϕ_T			

完成した分散分析表を表 7.11 に示す．

表 7.11　分散分析表

要因	平方和 S	自由度 ϕ	分離 V	分散比 F_0	$F(0.05)$
A	365	3	122	10.5^*	3.49
B	401	2	201	17.3^*	3.89
$A \times B$	99	6	16.5	1.42	3.00
E	139	12	11.6		
計	1004	23			

$F(3, 12 ; 0.05) = 3.49$, $F(2, 12 ; 0.05) = 3.89$, $F(6, 12 ; 0.05) = 3.00$

手順 6：判定

分散分析表で求めた分散比 F_0 を F 分布表より求めた棄却限界値と比較し判定する．すなわち，有意水準 α にて

$$R : F_{0(A)} \geqq F(\phi_A, \phi_E ; \alpha)$$

$$R : F_{0(B)} \geqq F(\phi_B, \phi_E ; \alpha)$$

$$R : F_{0(A \times B)} \geqq F(\phi_{A \times B}, \phi_E ; \alpha)$$

が成り立てば，有意水準 α で「有意である」と判断し，因子 A, B, $A \times B$ は特性値に影響を及ぼしているといえる．有意水準としては $\alpha = 0.05$ を用いるが，0.01 とする場合もある．

106　　第7章　実験計画法

$$F_{0(A)} = 10.5 > F(\phi_A, \ \phi_E ; \alpha) = F(3, \ 12 ; 0.05) = 3.49$$

$$F_{0(B)} = 17.3 > F(\phi_A, \ \phi_E ; \alpha) = F(2, \ 12 ; 0.05) = 3.89$$

$$F_{0(A \times B)} = 1.42 < F(\phi_{A \times B}, \ \phi_E ; \alpha) = F(6, \ 12 ; 0.05) = 3.00$$

となり，因子 A，因子 B は有意水準5%で有意であると判断されたが，因子 $A \times B$ は有意ではなく，F_0 値も 1.42 となった.

手順7：プーリングについての検討

分散分析表において，交互作用 $A \times B$ が有意でなく，F_0 値も小さく無視できると考えられる場合には，S_E と $S_{A \times B}$ とをプールし，

$$S_{E'} = S_E + S_{A \times B}$$

$$\phi_{E'} = \phi_E + \phi_{A \times B}$$

$$V_{E'} = S_{E'} + \phi_{E'}$$

として，$V_{E'}$ を新たに誤差の分散とする.

もっと知りたい

　プーリングの目安は，「F_0 値が2以下」，または「有意水準20%程度で有意でない」とされる場合が多い.

$A \times B$ は有意でなく，F_0 値も小さいので，誤差にプールし，分散分析表（**表7.12**）を作り直す.

表7.12　分散分析表（プーリング後）

要因	平方和 S	自由度 ϕ	分散 V	分散比 F_0
A	365	3	122	9.24**
B	401	2	201	15.2**
E'	238	18	13.2	
計	1004	23		

$F(3, 18 ; 0.05) = 3.16$, $F(3, 18 ; 0.01) = 5.09$, $F(2, 18 ; 0.05) = 3.55$, $F(2, 18 ; 0.01) = 6.01$

プーリングの結果，因子 A および因子 B は，有意水準1%で有意となった.

7.6 二元配置実験

手順8：組合せ条件における母平均の推定

因子 A と B の組合せ条件 A_iB_j の母平均 $\mu(A_iB_j)$ の点推定：

$$\hat{\mu} = (A_iB_j) = \bar{x}_{i\cdot\cdot} + \bar{x}_{\cdot j\cdot} - \bar{\bar{x}} = \frac{(A_i\text{ 水準のデータの和})}{(A_i\text{ 水準のデータ数})}$$

$$+ \frac{(B_j\text{ 水準のデータの和})}{(B_j\text{ 水準のデータ数})} - \frac{(\text{データの総和})}{(\text{データの総数})}$$

$$= \frac{T_{i\cdot\cdot}}{mr} + \frac{T_{\cdot j\cdot}}{lr} - \frac{T}{lmr}$$

特性値が最も大きくなる条件での母平均を推定する．表 7.8 から因子 A については A_2 水準，因子 B については B_2 水準が最も大きくなる．よって，最適条件である A_2B_2 水準における母平均の点推定値は，

$$\hat{\mu} = (A_2B_2) = \bar{x}_{2\cdot\cdot} + \bar{x}_{\cdot 2\cdot} - \bar{\bar{x}} = \frac{(A_2\text{ 水準のデータの和})}{(A_2\text{ 水準のデータ数})}$$

$$+ \frac{(B_2\text{ 水準のデータの和})}{(B_2\text{ 水準のデータ数})} - \frac{(\text{データの総和})}{(\text{データの総数})}$$

$$= \frac{T_{2\cdot\cdot}}{mr} + \frac{T_{\cdot 2\cdot}}{lr} - \frac{T}{lmr} = \frac{197}{6} + \frac{270}{8} - \frac{686}{24} = 38.0$$

となる．

区間推定（信頼率：95%）：

$$\hat{\mu}(A_iB_j) \pm t(\phi_E, \alpha)\sqrt{\frac{V_E}{n_e}}$$

ϕ_E は分散分析表の誤差の自由度，V_E は分散分析表の誤差分散．
n_e は**有効繰返し数（有効反復数）**と呼ばれ，以下の式によって求める．

$$\frac{1}{n_e} = (\text{点推定に用いられる係数の和}) \quad (\text{伊奈の式})$$

または，

$$n_e = \frac{\text{総実験数}}{(\text{無視しない要因の自由度の総和}) + 1} \quad (\text{田口の式})$$

もっとくわしく

第 7 章　実験計画法

よって，有効繰返し数を，点推定に用いられる係数の和（伊奈の式）から求めると，

$$\frac{1}{n_e} = \frac{1}{6} + \frac{1}{8} - \frac{1}{24} = \frac{1}{4}$$

または，田口の式から求めると，

$$n_e = \frac{24}{(3+2)+1} = 4$$

となり，

$$\hat{\mu}(A_2 B_2) \pm t(\phi_{E'},\ \alpha)\sqrt{\frac{V_{E'}}{n_e}} = 38.0 \pm t(18,\ 0.05)\sqrt{\frac{13.2}{4}}$$

$$= 38.0 \pm 2.101 \times \sqrt{\frac{13.2}{4}} = 38.0 \pm 3.8 = 34.2,\ 41.8$$

となる．

もっと知りたい

　交互作用を無視しない場合は，推定を以下のように行う．

　交互作用を無視しないので，表 7.8 の AB 水準の組合せの中で最も値の大きな $A_3 B_2$ 水準が最適条件になり，$A_3 B_2$ 水準のデータ和は 75 である．

　したがって，

　　最適条件での点推定値：

$$\hat{\mu}(A_3 B_2) = \bar{x}_{32}. = \frac{75}{2} = 37.5$$

　区間推定（信頼率：95%）：

　　　$\bar{x}_{32}.$ は r 個の平均値なので，

$$\frac{1}{r} = \frac{1}{2}$$

7.6 二元配置実験

$$\hat{\mu}\,(A_3 B_2) \pm t\,(\phi_E,\quad \alpha)\sqrt{\frac{V_E}{r}} = 37.5 \pm t\,(12,\quad 0.05)\sqrt{\frac{11.6}{2}}$$

$$= 37.5 \pm 2.179 \times \sqrt{\frac{11.6}{2}} = 37.5 \pm 5.2 = 32.3,\quad 42.7$$

となる.

この場合，プーリングを行わないので，誤差の自由度と誤差の分散は，プーリング前の分散分析表である表 7.11 の値を用いることに注意する.

もっとくわしく

（5） 繰返しのない二元配置実験の分散分析の手順

以下の例題によって繰返しのない二元配置法の分散分析の手順を示す.

【例題 7.3】

因子 A を 4 水準，因子 B を 3 水準として，計 $l \times m\,(4 \times 3)$ 回の全実験順序をランダムに行い，表 7.13 のデータが得られた．特性値の値は大きいほうがよいものとする．このデータを用いて分散分析を行う.

表 7.13　データ表（単位省略）

	B_1	B_2	B_3	$T_{i\cdot}$	$T_{i\cdot}^{\,2}$
A_1	220	375	265	860	739600
A_2	300	365	320	985	970225
A_3	280	335	300	915	837225
A_4	150	275	245	670	448900
$T_{\cdot j}$	950	1350	1130	3430	2995950
$T_{\cdot j}^{\,2}$	902500	1822500	1276900	4001900	3430^2 $=11764900$

第 7 章　実験計画法

【解答】

手順 1：データの構造式の設定

$A_i B_j$ 水準で行われたデータ x_{ij} の構造は以下のようになる.

$$x_{ij} = \mu + a_i + b_j + \varepsilon_{ij}$$

ただし,

μ：一般平均

a_i：因子 A の主効果 $(i = 1,\ 2,\ \cdots,\ l)$, $\displaystyle\sum_i a_i = 0$

b_j：因子 B の主効果 $(j = 1,\ 2,\ \cdots,\ m)$, $\displaystyle\sum_j b_j = 0$

ε_{ij}：誤差

もっと知りたい

誤差は, 互いに独立で母平均 0 の正規分布に従っていると考える. 繰返しのある二元配置実験と異なり, 交互作用 $(ab)_{ij}$ と誤差 ε_{ij} の添字が同じになるので, これらを分離できない. この状態を交互作用と誤差が交絡しているという. したがって, 主効果について,

帰無仮説　$H_0：a_1 = a_2 = a_3 = a_4 = 0$
$H_0：b_1 = b_2 = b_3 = 0$

の検定を行うことになる.

手順 2：計算補助表の作成

計算補助表 (**表 7.14**) を作成する.

7.6 二元配置実験

表 7.14 計算補助表（データの 2 乗の表）（単位省略）

	B_1	B_2	B_3	計
A_1	48400	140625	70225	259250
A_2	90000	133225	102400	325625
A_3	78400	112225	90000	280625
A_4	22500	75625	60025	158150
計	239300	461700	322650	1023650

手順 3：平方和の計算

修正項：

$$CT = \frac{(\text{データの総和})^2}{(\text{データの総数})} = \frac{T^2}{N} = \frac{3430^2}{12} = 980408.3$$

総平方和：

$$S_T = (\text{データの 2 乗の総和}) - (\text{修正項}) = \sum_i \sum_j x_{ijk}^2 - CT$$

$$= 1023650 - 980408.3 = 43241.7$$

因子 A の平方和：

$$S_A = \sum_i \frac{(A_i \text{ 水準のデータの和})^2}{(A_i \text{ 水準のデータ数})} - (\text{修正項}) = \sum_i \frac{T_i.^2}{m} - CT$$

$$= \frac{2995950}{3} - 980408.3 = 18241.7$$

因子 B の平方和：

$$S_B = \sum_j \frac{(B_j \text{ 水準のデータの和})^2}{(B_j \text{ 水準のデータ数})} - (\text{修正項}) = \sum_j \frac{T.j^2}{m} - CT$$

$$= \frac{4001900}{4} - 980408.3 = 20066.7$$

誤差平方和：

第7章　実験計画法

$$S_E = S_T - (S_A + S_B) = 43241.7 - (18241.7 + 20066.7) = 4933.3$$

手順4：自由度の計算

総平方和の自由度：

$$\phi_T = (\text{データの総数}) - 1 = 12 - 1 = 11$$

因子 A の自由度：

$$\phi_A = (A \text{ の水準数}) - 1 = 4 - 1 = 3$$

因子 B の自由度：

$$\phi_B = (B \text{ の水準数}) - 1 = 3 - 1 = 2$$

誤差の自由度：

$$\phi_E = \phi_T - (\phi_A + \phi_B) = 11 - (3 + 2) = 6$$

手順5：分散分析表の作成

上で求めた各平方和と自由度を**表7.15**のように記入し，さらに表7.14の手順により，分散（平均平方）V および分散比 F_0 を求める．

表7.15　分散分析表

要因	平方和 S	自由度 ϕ	分散 V	分散比 F_0	$F(\alpha)$
A	S_A	ϕ_A	$V_A = S_A / \phi_A$	$F_{0(A)} = V_A / V_E$	$F(\phi_A, \phi_E; \alpha)$
B	S_B	ϕ_B	$V_B = S_B / \phi_B$	$F_{0(B)} = V_B / V_E$	$F(\phi_B, \phi_E; \alpha)$
E	S_E	ϕ_E	$V_E = S_E / \phi_E$		
計	S_T	ϕ_T			

$$V_A = S_A / \phi_A = 18241.7/3 = 6080.6$$

$$V_B = S_B / \phi_B = 20066.7/2 = 10033.4$$

$$V_E = S_E / \phi_E = 4933.3/6 = 822.2$$

$$F_{0(A)} = V_A / V_E = 6080.6/822.2 = 7.40$$

$$F_{0(B)} = V_B / V_E = 10033.4/822.2 = 12.20$$

完成した分散分析表を**表7.16**に示す．

7.6 二元配置実験

表 7.16 分散分析表

要因	平方和S	自由度ϕ	分散 V	分散比 F_0	$F(0.05)$
A	18241.7	3	6080.6	7.40*	4.76
B	20066.7	2	10033.4	12.20*	5.14
E	4933.3	6	822.2		
計	43241.7	11			

手順 6：判定

分散分析表で求めた分散比 F_0 を F 分布表より求めた棄却限界値と比較し判定する．

すなわち，有意水準 α にて，

$$R : F_{0(A)} \geqq F(\phi_A, \ \phi_E ; \alpha)$$

$$R : F_{0(B)} \geqq F(\phi_B, \ \phi_E ; \alpha)$$

が成り立てば，有意水準 α で「有意である」と判断し，因子 A および B は特性値に影響を及ぼしているといえる．

$$F_{0(A)} = 7.40 > F(\phi_A, \ \phi_E ; \alpha) = F(3, \ 6 ; 0.05) = 4.76$$

$$F_{0(B)} = 12.20 > F(\phi_A, \ \phi_E ; \alpha) = F(2, \ 6 ; 0.05) = 5.14$$

となり，因子 A，因子 B は有意水準 5% で有意であると判断される．

手順 7：組合せ条件における母平均の推定

因子 A と B の組合せ条件 A_iB_j の母平均 $\mu(A_iB_j)$ の点推定：

特性値が最も大きくなる条件での母平均を推定する．表 7.13 から，因子 A については A_2 水準，因子 B については B_2 水準が最も大きくなる．よって，最適条件である $A_2 B_2$ 水準における母平均の点推定値は，

$$\hat{\mu}(A_2B_2) = \overline{x}_2. + \overline{x}._2 - \overline{\overline{x}}$$

$$= \frac{(A_2 \text{水準のデータの和})}{(A_2 \text{水準のデータ数})} + \frac{(B_2 \text{水準のデータの和})}{(B_2 \text{水準のデータ数})} - \frac{(\text{データの総和})}{(\text{データの総数})}$$

$$= \frac{T_2.}{m} + \frac{T._2}{l} - \frac{T}{lm} = \frac{985}{3} + \frac{1350}{4} - \frac{3430}{12} = 380.0$$

となる.

区間推定(信頼率:95%):

有効繰返し数 n_e は,

$$\frac{1}{n_e} = \frac{1}{3} + \frac{1}{4} - \frac{1}{12} = \frac{6}{12} = \frac{1}{2} \quad (\text{伊奈の式})$$

$$n_e = \frac{12}{(3+2)+1} = 2 \quad (\text{田口の式})$$

$$\hat{\mu}(A_2B_2) \pm t(\phi_E,\ 0.05)\sqrt{\frac{V_E}{n_e}} = 380.0 \pm t(6,\ 0.05)\sqrt{\frac{822.2}{2}}$$

$$= 380.0 \pm 2.447 \times \sqrt{411.1} = 380.0 \pm 49.6 = 330.4,\ 429.6$$

となる.

7.7 その他の実験計画法

前述の一元配置実験や二元配置実験は,因子の各水準のすべての組合せの順序を完全ランダム化して行う実験であり,**完全ランダム化実験**と呼ばれる.

このほかに実験計画法にはきわめて多くの種類があるが,よく用いられるものに以下のものがある.

(1) 乱塊法

取り上げた因子の一部に**ブロック因子**と呼ばれる変量因子を導入し,それぞれのブロック内で母数因子(制御因子)のすべての水準を一通り実験し,複数のブロックにわたってこれを反復するという実験を行うことがある.このような実験を**乱塊法**という.

ブロック因子は,日,原料ロット,土壌などの再現性のない要因であり,最適水準を求めることには意味がない.乱塊法では,ブロック因子の要因効果を検定でき,さらにブロック間変動を推定することができる.

7.7　その他の実験計画法

(2)　分割法

　取り上げた因子によっては，完全ランダム化が技術的に困難であったり，経済的でないことも多い．このような場合，ランダム化を複数の段階に分けることを行う．このような実験を**分割法**と呼ぶ．分割法では，分割の段階ごとに誤差が生じる．

(3)　直交配列表による実験

　多数の因子を取り上げ，完全ランダム化実験を行った場合，因子間のすべての交互作用を検出することができるが，これらのうち3因子交互作用以上の高次の交互作用は，技術的に意味のない場合が多く，またその効果が有意になることも少ない．

　これら検出する必要のない交互作用と他の要因を交絡させることによって，実験回数を増やすことなく目的の多くの要因効果を検出できるようにしたものが，**直交配列表**を用いた実験である．

　直交配列表には，**2水準系直交配列表**と**3水準系直交配列表**があり，取り上げた主効果と検出したい2因子交互作用について有効な情報を得ることができる．

もっとくわしく

管理図

まずはここから
管理図の基本的な考え方について学ぶ.

もっとくわしく
$\bar{X} - R$ 管理図の作り方・見方, 管理図による工程管理の方法について学ぶ.

第8章　管理図

まずはここから

8.1 時間にともなう変化をとらえる──管理図

「**管理図**」については，「工程を管理するための QC 七つ道具の一つですよね」，「見たことあるし，使ってもいる」，「でも，その理屈は今一つよくわからない」という方が多いと思われる．

実は，「管理図とは，母平均が変わっていないかという母平均に関する検定を日ごと（正確には**群**と呼ばれる単位ごと）に行うものである」というと驚かれるだろうか．

前章までに，「2つの母集団の母平均の差の検定」や「因子の効果によって母平均が異なるかどうか（実験計画法）」といった広い意味の検定について学んだ．管理図もこういった母平均に関する検定のひとつと考えるのである．

実験計画法では，「因子の効果によって水準ごとに母平均が異なるかどうか」を検討したが，管理図は「何らかの原因によって群（例えば日）ごとの母平均が異なるかどうか」を検討している．

ここで，原因についてはその特定はできていない（後から考える），群ごととはすなわち時間の推移のことである．

よって管理図とは，「時間（日や製造ロットの順など）の経過とともに何かわからない原因によって生じる母平均の変動を検出（検定）する統計的方法」であるといえる．

管理図も検定であるので，有意水準が設定されている．しかし，この値が，母平均の検定や実験計画法の 5%，1% などと異なり，非常に小さな値（約 0.3%）とされていることが大きな特徴である．これは，管理図が工程を管理するための道具であるために，むやみに母平均の変動が検出されるとその処置に翻弄されてしまうことになりかねないので，本当に問題となる変動だけを検出するように設計されているためである．これが**シューハート**によって考案された **3シグマ法**による管理図である．

8.1 時間にともなう変化をとらえる──管理図

知っておきたい

- 工程の管理に有効な手法が「管理図」である.
- 管理図は,時間(群という単位で表す)の経過とともに何かわからない原因によって生じる母平均の変動を検定する.
- 管理図の有意水準は約 0.3% という小さい値に設定されている.

まずはここから

もっとくわしく

8.2 管理図

　工場などで製造される製品の品質は，必ずばらつきをもつ．工程において品質のばらつきをもたらす原因には多くのものがある．これらの原因には**偶然原因**と**異常原因**があると考える．

　①　偶然原因によるばらつき

　原材料，作業方法，機械・設備などについて，技術的に十分検討した標準に基づき製造してもなお発生するばらつき．技術的にも経済的にも，これを除去する必要のないばらつき．不可避な原因によるばらつき．

　②　異常原因によるばらつき

　標準どおりの作業ができていない，標準が適当でないなどのために生ずるばらつき．技術的にも経済的にも，これを見逃すことのできないばらつき．

　工程を管理するためには，偶然原因によるばらつきは許容し，異常原因によるばらつきは，その原因を追究・除去して，二度と同じ原因による異常を発生させないようにする必要がある．

　管理図は，工程を管理または解析する道具として，シューハート(W. A. Shewhart)によって考案された．

　シューハートは，工程が偶然原因のみによってばらつくという理想的な状態を考え，「**安定状態**」と名付けた．また，これを見極めるための判断基準として次の管理限界(**3シグマ法**)を設けた．

(平均値)±3×(標準偏差)

　この管理限界に対して，ルールを定め異常の有無を判定する．管理図の打点に異常がないときは，「**(統計的)管理状態**」であるという．

　管理図にはいろいろな種類があるが，本章では，計量値の管理図の代表的なものである $\overline{X}-R$ 管理図について解説する．

8.3 計量値の管理図 121

8.3 計量値の管理図

(1) $\overline{X}-R$ 管理図の作り方

$\overline{X}-R$ 管理図は，長さ，重量，収率などの計量値について，群内のばらつきの群ごとの変動を管理・解析する R 管理図と，工程平均の群ごとの変動を管理・解析する $\overline{X}$ 管理図よりなっている．

【例題 8.1】

最近，不適合品の発生が多くなっている．工程の状況を調査するため 1 日 4 個のサンプルをランダムに採取し 30 日間にわたって製品特性値のデータを収集した（表 8.1）．これらのデータを用いて $\overline{X}-R$ 管理図を作成せよ．

【解答】

手順 1：データの収集

データを収集する．比較的最近のデータがよい．全データ数は，（群の大きさ n）×（群の数 k）となる．また，群の数 k は 20 〜 30 とする．

手順 2：群分け

群分けをする．群内がなるべく均一になるように，同一製造日，同一ロットなどで群分けし，同じ群内に異質のデータが入らないようにする．群の大きさは通常 2 〜 5 程度とする．

手順 3：データの記入

群分けしたデータをデータシートに記入する．

手順 4：平均値 $\overline{X}$ と範囲 R の計算

群ごとの平均値 $\overline{X}$ と範囲 R を計算する．平均値の桁数は元のデータの 1 桁下まで求める．

手順 5：総平均値 $\overline{\overline{X}}$ と範囲の平均値 $\overline{R}$ の計算

総平均値 $\overline{\overline{X}}$ および範囲の平均値 $\overline{R}$ を計算する．総平均値の桁数は測定値の 2 桁下まで求める．範囲の平均値は測定値の 2 桁下まで求める．

もっとくわしく

第 8 章　管理図

表 8.1　$\overline{X} - R$ 管理図データシート

群番号	X_1	X_2	X_3	X_4	ΣX_i	$\overline{X}$	R
1	533	522	524	558	2137	534.3	36
2	549	545	538	598	2230	557.5	60
3	560	564	580	599	2303	575.8	39
4	490	425	476	518	1909	477.3	93
5	548	577	480	578	2183	545.8	98
6	488	525	450	456	1919	479.8	75
7	442	420	409	500	1771	442.8	91
8	508	531	476	505	2020	505.0	55
9	500	530	421	507	1958	489.5	109
10	436	456	441	598	1931	482.8	162
11	456	471	410	423	1760	440.0	61
12	449	411	454	480	1794	448.5	69
13	430	399	421	466	1716	429.0	67
14	400	357	410	450	1617	404.3	93
15	435	464	427	410	1736	434.0	54
16	421	397	400	466	1684	421.0	69
17	555	575	534	517	2181	545.3	58
18	400	393	418	498	1709	427.3	105
19	521	553	541	463	2078	519.5	90
20	492	423	507	538	1960	490.0	115
21	441	457	424	468	1790	447.5	44
22	500	507	516	484	2007	501.8	32
23	445	463	401	442	1751	437.8	62
24	510	512	554	479	2055	513.8	75
25	497	466	495	502	1960	490.0	36
26	555	575	479	580	2189	547.3	101
27	464	412	496	489	1861	465.3	84
28	512	545	475	483	2015	503.8	70
29	453	441	452	502	1848	462.0	61
30	427	465	413	486	1791	447.8	73
					平均値	482.19	74.57

8.3 計量値の管理図

手順6：管理線の計算

管理線を次式によって計算する．$\overline{X}$ 管理図の管理線は測定値の2桁下まで，R 管理図の管理線は測定値の1桁下まで求める．

$\overline{X}$ 管理図の管理線：

中心線 $\quad CL = \overline{\overline{X}}$

上側管理限界 $\quad UCL = \overline{\overline{X}} + A_2\overline{R}$

下側管理限界 $\quad LCL = \overline{\overline{X}} - A_2\overline{R}$

A_2 は群の大きさ n によって決まる定数で，**表 8.2** の係数表より求める．$n = 4$ の場合，$A_2 = 0.729$ となる．本問では，

$CL = \overline{\overline{X}} = 482.19$

$UCL = \overline{\overline{X}} + A_2\overline{R} = 482.19 + 0.729 \times 74.57 = 536.55$

$LCL = \overline{\overline{X}} - A_2\overline{R} = 482.19 - 0.729 \times 74.57 = 427.83$

となる．

R 管理図の管理線：

中心線 $\quad CL = \overline{R}$

上側管理限界 $\quad UCL = D_4\overline{R}$

もっとくわしく

表 8.2　$\overline{X}-R$ 管理図係数表

群の大きさ n	A_2	d_2	D_4	D_3
2	1.880	1.128	3.267	—
3	1.023	1.693	2.575	—
4	0.729	2.059	2.282	—
5	0.557	2.326	2.115	—
6	0.483	2.534	2.004	—

注）　D_3 の欄の「—」は，R 管理図の下側管理限界は「示されない」ということになる．

124 第8章 管理図

下側管理限界 $LCL = D_3\overline{R}$

D_3, D_4 は群の大きさ n によって決まる定数で，表8.2の係数表より求める．D_3 の値は，n が6以下のときは示されない．$n = 4$ の場合，$D_4 = 2.282$, $D_3 = （示されない）$となる．本問では，

$$CL = \overline{R} = 74.57 \to 74.6$$

$$UCL = D_4\overline{R} = 2.282 \times 74.57 = 170.16 \to 170.2$$

$$LCL = D_3\overline{R} = （示されない）$$

となる．

注） 上側管理限界を上部管理限界または上方管理限界，下側管理限界を下部管理限界または下方管理限界ともいう．

手順7：図の作成

グラフ用紙などに，左端縦軸に $\overline{X}$ と R の値をとり，横軸に群番号，測定日をとる．管理限界線の上側と下側の幅は群と群の幅の約6倍くらいにとるとよい．中心線は実線（───），管理限界線は破線（‥‥‥）を用いる．

手順8：打点

群番号順に各群の $\overline{X}$ と R の値をプロットする．$\overline{X}$ の打点は（•）とし，R の打点は（×）とする．限界外の点は〇で囲んでわかりやすくする．

手順9：必要事項の記入

群の大きさ n を記入する．その他，必要な項目を記入する（**図8.1**）．

もっと知りたい

$\overline{X}$ 管理図の管理線の計算について説明する．

管理図では，各群が同じ分布 $N(\mu_0, \sigma_0^2)$ に従っていれば安定状態と判断する．よって，各群の分布 $N(\mu_i, \sigma_0^2)$ について，帰無仮説 $H_0: \mu_i = \mu_0$ を検定していることになる．帰無仮説のもとで，n 個のサンプルから求め

8.3 計量値の管理図

た $\overline{X}$ の分布は $N(\mu_0, \dfrac{\sigma_0^2}{n})$ となるので，$\overline{X}$ が $\mu_0 \pm 3\sqrt{\dfrac{\sigma_0^2}{n}}$ の範囲に入らない確率は，約 0.3% となる．これが 3 シグマ法の管理限界線である．

次に，

$$\hat{\mu}_0 = \overline{\overline{X}}, \quad \hat{\sigma}_0 = \frac{\overline{R}}{d_2}$$

（σ_0 は，群内の変動だけと考える．d_2 は群の大きさによって決まる定数で表 8.2 に示している）

と推定を行うと，管理限界線は，

$$\overline{\overline{X}} \pm 3\frac{\overline{R}}{d_2}\sqrt{\frac{1}{n}}$$

となる．よって係数 A_2 は，

$$A_2 = 3\frac{1}{d_2}\sqrt{\frac{1}{n}}$$

となる．

もっとくわしく

(2) 管理図の見方

工程の管理では，管理図によって工程が安定状態にあるかどうかを正しく判断することが重要であり，異常が発見された場合は，すぐにその原因を調査し，処置をとる必要がある．

1) 安定状態の判定

安定状態とは，工程平均やばらつきが変化しない状態のことをいう．

① 管理図の点が管理限界内にある（**図 8.2** のルール 1）

② 点の並び方，ちらばり方にクセがない

という状態であれば，工程は安定状態と見なす．

3 シグマ法の管理図では，「工程に異常がないのに，異常があると判断してしまう誤り（第 1 種の誤りという）」は非常に小さく（約 0.3%）設定してあるの

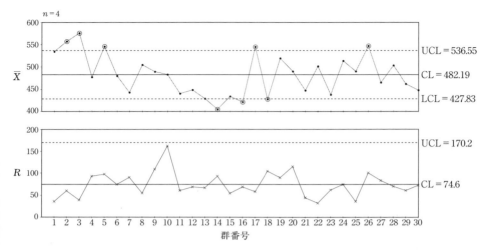

図 8.1　$\overline{X} - R$ 管理図

で，打点が限界外に出た場合は異常があると判断してほぼ問題ない．しかし一方，「工程に異常があるのに，異常がないと判断してしまう誤り（第 2 種の誤りという）」が大きくなることがあるので，この誤りを小さくするために，点の並び方やちらばり方のクセによる判断を合わせて行う．

JIS Z 9020-2：2016「管理図―第 2 部：シューハート管理図」では，異常パターンの例として図 8.2 に示すルールを例示している．

2）　点の並び方，ちらばり方のクセによる判断

①　点が中心線に対して同じ側に連続してあらわれる場合（図 8.2 ルール 2）

点が中心線に対して同じ側に連続して並んだ状態を**連**といい，連を構成する点の数を連の長さという．長さ 7 の連が表れた場合に異常と判断する．

②　点が引き続き増加または減少している場合（図 8.2 ルール 3）

点の並び方が，次々に前の点より大きくなる，または小さくなる場合，工程に**トレンド（傾向）**があると判断する．連続する 7 点が増加または減少している場合に異常と判断する．

③　点が明らかに不規則でないパターンまたは周期的なパターン（図 8.2

8.3　計量値の管理図

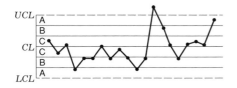

ルール1：1つまたは複数の点がゾーンA
を超えたところ（管理限界の外側）にある

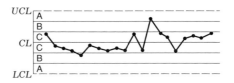

ルール2：連一中心線の片側の7つ以上
の連続する点

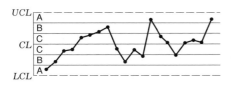

ルール3：トレンド－全体的に増加また
は減少する連続する7つの点

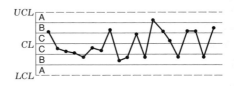

ルール4：明らかに不規則ではないパター
ン

　これらのルールを適用するために，管理図は中心線の両側で3つのゾーン，A，BおよびCに等分され，
また各ゾーンは1シグマの幅である．この分割によって，担当者が，安定した工程から逸脱するパターンを検出することが容易になっている．例えば，ルール4の"明らかに不規則ではないパターン"を適用した場合，検出がさらに容易になる．安定した工程では，打点の約2/3がゾーンCに入ると予想される．ルール4に示すように，ゾーンCに入る打点が2/3よりも大幅に少ない場合は，プロットの中の不規則ではないパターンを疑うことが望ましい．そのようなパターンは，突き止められる潜在的原因について，工程をさらに調査することが必要である．典型的な4つの異常判定のルールは，次による．
　a）　ルール1は，1つの管理外れ状態の存在を示す．
　b）　ルール2は，工程平均または工程変動が中心線から移動していることを示す．
　c）　ルール3は，工程内の系統的な傾向を示す．
　d）　ルール4は，工程内の明らかに不規則ではないパターンまたは周期的なパターンを示す．

図8.2　異常パターンのルールの例（JIS Z 9020-2：2016　図3より）

ルール4）
点が規則的に変動したり，周期的に変動する場合に異常と判断する．

【例題 8.2】

例題 8.1 で作成した $\overline{X} - R$ 管理図について解析せよ.

【解答】

R 管理図の点は特に異常はない. しかし, $\overline{X}$ 管理図では, 多くの点(群番号 2, 3, 5, 14, 16, 17, 18, 26)にて, 管理限界外れが見られる. また, 群番号 19 以降では, 周期的なパターンも見られる.

以上のことから, 工程は安定状態とはいえない. 工程平均が大きく変動しているので, 原因の究明が急務である.

もっと知りたい

例題で作成した管理図は, "**解析用管理図**" といわれるものである. 例題のように工程が安定状態でない場合には, 工程解析を継続し工程の改善を行う必要がある. この結果, 工程が安定状態と判断された場合には, 管理線をそのまま延長し, 以降の工程管理を行う. これを "**管理用管理図**" という.

---

(3) 管理図の使い方

1) 群分けの工夫

群分けの良し悪しが, 使える管理図になるかのポイントといえる. 管理図は, 偶然原因によるばらつきを基準にして, 異常原因によるばらつきを判断することを目的としている. したがって, 群内のばらつきが偶然原因によるばらつきだけで構成されるように, 同じ日などの短い期間のデータをまとめて群にしたり, 作業が同じ条件で行われているロットからのデータをまとめて群にしたりする.

2) 層別

管理図においても, 層別の考え方は重要である. 同じ製品を複数の機械や何

人かの作業員が製造している場合には，機械別，作業員別に層別すると，工程の解析や管理が容易になる場合がある．

相関分析と回帰分析

まずはここから

相関分析と回帰分析について，その基本的な考え方を学ぶ．

もっとくわしく

相関分析の手順，分散分析と残差の検討を含む単回帰分析の手順について学ぶ．

第9章　相関分析と回帰分析

まずはここから

9.1 2つの変数の関係を見る——相関分析

いよいよ最後の章になった．QC 七つ道具の一つである「散布図」については，お聞きになったり，お使いになったことがある方は多いと思う．

散布図は，例えば，**要因**（原因）と考えられる反応温度と**特性**（結果）である反応収率の関係を表した図である．これは品質管理において非常に有効な道具で，2つの確率変数間の関係を視覚的に判断することができる．（直線的な関係である）**相関関係**の有無やその強さ，曲線的な関係があるのかや**外れ値**があるかなども，散布図を描くことによって判断できる．

ちなみに，ときどき「相関図」という言い回しを見聞きすることがあるが，この表現は品質管理や統計の世界で使うことはない．図の名称は「散布図」で，2つの変数間の関係は「相関関係」，「相関がある」という．

相関関係については，片方の変数が大きく（小さく）なれば，もう一方の変数も大きく（小さく）なる関係を**正の相関**，逆に片方の変数が大きく（小さく）なれば，もう一方の変数は小さく（大きく）なる関係を**負の相関**という．

また，その関係の強さを表す度合いとして，**強い**（相関），**弱い**（相関）と表現し，相関がない状態を「**無相関**」という．強い相関の場合は，（直線的な関係の）直線の近くに打点が集まっている状態を示し，無相関の場合は，打点が平面の全体に散らばる（**図 9.1**）．

このように，相関関係の正負や強弱は散布図によっておおよそつかむことができるが，これを統計的に判断する手法が**相関分析**である．

相関分析では，サンプルから求めた**相関係数（試料相関係数）**を計算し，相関の有無（母相関係数が 0 かどうか）を検定したり，母相関係数を推定したりする．

相関係数は，以下の式で求めることができる．

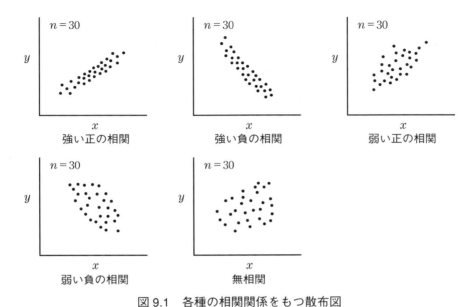

図 9.1　各種の相関関係をもつ散布図

$$相関係数 = \frac{(x と y の積和)}{\sqrt{(x の平方和) \times (y の平方和)}}$$

第 4 章で学んだように，x の平方和は横軸の値 x の偏差を 2 乗したものの和で，y の平方和は縦軸の値 y の偏差を 2 乗したものの和である．**積和**とは，x の偏差と y の偏差の積の和である．

相関係数は -1 から 1 までの値をとり，1 に近いほど正の相関が強く，0 では無相関，-1 に近いほど負の相関が強いと判断される．

9.2　1 つの変数で変化を説明する——単回帰分析

回帰分析，特に**単回帰分析**は，2 つの変数を扱うので，相関分析との違いがよくわからないという方も多いと思われる．相関分析が 2 つの変数の間の関係を解析する手法であるのに対し，回帰分析は目的とする変数の変化をもう一方

の変数の値によって推定することが目的である．説明するための変数が1つの場合を単回帰分析，説明するための変数が2つ以上の場合を**重回帰分析**と呼ぶ（目的とする変数は常に1つである）．

したがって，回帰分析は，目的とする変数（**目的変数**）と説明するための変数（**説明変数**）との関係式（**回帰式**という）を求めるための手法であるといえる．

例えば，目的変数が製品の硬さ，説明変数が加工温度である単回帰分析を考える．2つの変数間に直線的な関係があるとすれば，この直線の傾きと切片を求めることができれば，2つの変数の関係が定量的に求められたことになる．

（製品の硬さ）＝定数（切片）＋（傾きの係数）×（加工温度）＋誤差

この関係式のことを回帰式といい，得られた直線を**回帰直線**という．また，直線の傾きを表す係数を回帰係数という．

実験計画法では，「母平均が因子の効果によって変動する」と考えたが，回帰分析は，「母平均（目的変数）が説明変数によって直線的に変動する」と考え，傾きの係数を統計的に推定したり検定したりする．

回帰式は，散布図上の点の縦軸の値（実測値）と，横軸の値（実測値）に対する回帰直線上の縦軸の値との差の2乗の和（散布図上のすべての点について）が最も小さくなるように傾きや切片を決めることを行う．この方法を**最小二乗法**という．

散布図上の点の関係を表す際に，「大体こんな関係かな」というように直線を引くことは，誰もが経験しているだろう．最小二乗法は，この「適当に直線を引く」ことを，統計的に行う手法である．

回帰式が求まれば，加工温度の値から製品の硬さを予測することもできるだろうし，加工温度が変わることによって硬さがどれくらい変化するかもわかる．

9.2 1つの変数で変化を説明する——単回帰分析

知っておきたい

- 散布図を描くことによって，要因と特性などの2つの変数間の関係を知ることができる.
- この2つの変数間の関係を統計的に判定する手法が相関分析で，相関係数で評価する.
- 一方，回帰分析は目的とする変数の変化を説明するための変数の値によって推定するする手法である.
- 説明するための変数が1つの場合を単回帰分析，説明するための変数が2つ以上の場合を重回帰分析と呼ぶ. この変数間の関係式を回帰式という.

第9章　相関分析と回帰分析

もっとくわしく

9.3　相関分析

（1）　散布図と相関係数

特性 y と要因 x の関係は**散布図**を描くことによって容易に把握することができる．x と y との間に正や負の相関関係があるかどうかや，その強弱についておおよその判断ができる．また，直線的な関係か曲線的な関係か，外れ値がないかどうか，層別の必要があるかどうかなどについての情報も得ることができる．このように，相関関係の正負や強弱は散布図によっておおよそつかむことができるが，これを統計的に判断するものに**相関係数** r がある．

相関係数 r は次の式で計算することができる．

$$r = \frac{S_{xy}}{\sqrt{S_{xx}S_{yy}}} = \frac{\sum (x_i - \overline{x})(y_i - \overline{y})}{\sqrt{\left\{\sum (x_i - \overline{x})^2\right\} \times \left\{\sum (y_i - \overline{y})^2\right\}}}$$

S_{xx} は x の平方和，S_{yy} は y の平方和，S_{xy} は x と y の積和

ここで散布図と相関係数の関係を考えてみる．

散布図に $\overline{x}$，$\overline{y}$ の線を引いて，散布図を I ～ IV の象限に分割する（**図 9.2**）．このときの各象限での $(x - \overline{x})$，$(y - \overline{y})$ および $(x - \overline{x})(y - \overline{y})$ の正負は**表 9.1** のようになる．

これから，以下のように散布図の点の並びと相関係数の関係が理解できる．

1) **I，III象限に点が多く集まる散布図**

$(x - \overline{x})(y - \overline{y})$ は ＋ の値が多い→ S_{xy} は正の大きい値→

r は ＋1 に近づく→正の相関

2) **II，IV象限に点が多く集まる散布図**

$(x - \overline{x})(y - \overline{y})$ は － の値が多い→ S_{xy} は負の大きい値→

r は －1 に近づく→負の相関

9.3 相関分析

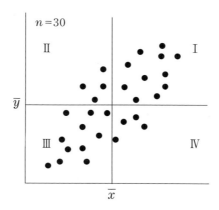

図 9.2 散布図

表 9.1 各象限の $(x-\bar{x})$, $(y-\bar{y})$, $(x-\bar{x})(y-\bar{y})$ の正負

	$(x-\bar{x})$	$(y-\bar{y})$	$(x-\bar{x})(y-\bar{y})$
I	+	+	+
II	−	+	−
III	−	−	+
IV	+	−	−

3) 各象限の点がほぼ等しい散布図

$(x-\bar{x})(y-\bar{y})$ の合計は 0 に近づく → S_{xy} は 0 に近づく → r は 0 に近づく → 無相関

相関係数は，x と y がどの程度直線的な関係であるかどうかを見ており，**外れ値**があったり，曲線的な関係にある場合には，それを求めることに意味がないことがある．例えば，**図 9.3** のような散布図が得られたときには，相関係数を求めることにはあまり意味がなく，曲線的な関係があるかまたは，x が大きくなると負の相関から正の相関に関係が変化すると判断する．

また，相関係数は x と y とがともに正規分布に従う場合に意味があることにも注意する．

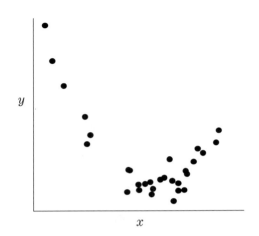

図 9.3　曲線的な関係が見られる散布図

　相関係数 r は -1 から $+1$ までの値をとり，-1 に近づくほど強い負の相関関係，$+1$ に近づくほど強い正の相関関係がある．-1 または $+1$ のときには，データの点がすべて 1 つの直線上にある．また，0 に近づくほど相関関係が弱くなり，0 では無相関と考えられる．

(2)　相関係数の計算

以下の例題によって，相関係数の計算手順を示す．

【例題 9.1】

　製品中の不純物量 x と伝導度 y との関係を調査した(表 9.2，図 9.4)．相関係数を求めよ．

【解答】
手順 1：計算表の作成

　データから x^2，y^2，xy を計算し，合計を求める(表 9.2)．

9.3 相関分析

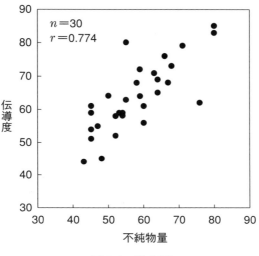

図 9.4 散布図

手順 2：平方和と積和の計算

$$S_{xx} = \sum(x_i - \bar{x})^2 = \sum x_i^2 - \frac{\left(\sum x_i\right)^2}{n} = 103834 - \frac{1738^2}{30} = 3145.9$$

$$S_{yy} = \sum(y_i - \bar{y})^2 = \sum y_i^2 - \frac{\left(\sum y_i\right)^2}{n} = 125280 - \frac{1914^2}{30} = 3166.8$$

$$S_{xy} = \sum(x_i - \bar{x})(y_i - \bar{y}) = \sum x_i y_i - \frac{\left(\sum x_i\right) \times \left(\sum y_i\right)}{n}$$

$$= 113326 - \frac{1738 \times 1914}{30} = 2441.6$$

第 9 章　相関分析と回帰分析

表 9.2　データ表（単位省略）

No.	不純物量 x	伝導度 y	x^2	y^2	xy
1	45	54	2025	2916	2430
2	68	73	4624	5329	4964
3	71	79	5041	6241	5609
4	76	62	5776	3844	4712
5	60	61	3600	3721	3660
6	64	65	4096	4225	4160
7	67	68	4489	4624	4556
8	45	51	2025	2601	2295
9	50	64	2500	4096	3200
10	52	58	2704	3364	3016
11	45	61	2025	3721	2745
12	53	59	2809	3481	3127
13	59	72	3481	5184	4248
14	48	45	2304	2025	2160
15	59	64	3481	4096	3776
16	47	55	2209	3025	2585
17	45	59	2025	3481	2655
18	66	76	4356	5776	5016
19	54	58	2916	3364	3132
20	55	80	3025	6400	4400
21	63	71	3969	5041	4473
22	80	83	6400	6889	6640
23	80	85	6400	7225	6800
24	52	52	2704	2704	2704
25	60	56	3600	3136	3360
26	43	44	1849	1936	1892
27	55	63	3025	3969	3465
28	58	68	3364	4624	3944
29	54	59	2916	3481	3186
30	64	69	4096	4761	4416
計	1738	1914	103834	125280	113326

9.3 相関分析

手順3：相関係数の計算

$$r = \frac{S_{xy}}{\sqrt{S_{xx}S_{yy}}} = \frac{2441.6}{\sqrt{3145.9 \times 3166.8}} = 0.7736$$

(3) 母相関係数の検定

相関係数（試料相関係数）r もまた，サンプルから得られたデータから求めた統計量である．よって，これを用いて**母相関係数** $\rho = 0$ の検定を行うことができる．

例題 9.1 のデータを用いて母相関係数の検定の手順を示す．

【解答】

手順1：検定の目的の設定

x と y との間に相関関係があるかどうかの，両側検定を行う．

手順2：帰無仮説 H_0 と対立仮説 H_1 の設定

母相関係数 $\rho = 0$ を帰無仮説とする．

H_0：$\rho = 0$　（x と y との間に相関関係はない）

H_1：$\rho \neq 0$　（x と y との間に相関関係がある）

手順3：検定統計量の選定

試料相関係数 $r = \dfrac{S_{xy}}{\sqrt{S_{xx}S_{yy}}}$ を検定統計量とする．

手順4：有意水準の設定

$\alpha = 0.05$

手順5：棄却域の設定

$$R：|r| \geq r(\phi, \alpha) = r(n-2, \alpha)$$

$r(\phi, \alpha)$ の値は，r **表（付表 6）**より自由度 $(30 - 2) = 28$，$P = 0.05$（両側確率）に相当する r を求める．

しかしながら，自由度 28 の値が表にないので，より安全側の $r(25, 0.05) = 0.3809$ を用いる．

第9章　相関分析と回帰分析

手順6：検定統計量の計算

検定統計量 r の計算：

$$r = \frac{S_{xy}}{\sqrt{S_{xx}S_{yy}}} = \frac{2441.6}{\sqrt{3145.9 \times 3166.8}} = 0.7736$$

手順7：検定結果の判定

$$r = 0.7736 > r(25,\ 0.05) = 0.3809 > r(28,\ 0.05)$$

となり，検定統計量の値は棄却域に入り，有意となった．

手順8：結論

帰無仮説 $H_0：\rho = 0$ は棄却され，対立仮説 $H_1：\rho \neq 0$ が採択された．有意水準 5% で x と y との間に相関関係があるといえる．

もっと知りたい

r 表を用いた検定の代わりに，

$$\text{検定統計量}\ t_0 = \frac{r\sqrt{n-2}}{\sqrt{1-r^2}}\ ,\ \text{棄却域}\quad R：|t_0| \geq t(n-2,\ \alpha)$$

の t 分布表を用いた検定も行える．この場合，自由度 28 での検定が可能である．

もっと知りたい

母相関係数 ρ の推定について，$\rho \neq 0$ のときには，r の分布が正規分布とはならないので，r を下記の z に変換（z **変換**）し，z の分布が正規分布 $N(z_\rho,\ \frac{1}{n-3})$ に近似できることを用いて，推定および検定（$\rho \neq 0$ のとき）を行う．

$$z\ \text{変換}：z = \frac{1}{2}\ln\frac{1+r}{1-r} = \tanh^{-1}r$$

z_ρ は ρ を z 変換したものである．

もっと知りたい

　母相関係数は 2 つの確率変数 X, Y の関係を表す量で,

$$\rho\,(X,\ Y) = \frac{Cov(X, Y)}{\sqrt{V(X) \times V(Y)}}$$

となる. この式の分子は, 第 2 章で説明した共分散 $Cov(X,\ Y)$ で, 2 つ
の確率変数の偏差の積の期待値である. 共分散の大きさは, 各変数の単位
によって変化するが, 相関係数は単位に依存せず, 確率変数間の関係を表
すことができる.

もっとくわしく

9.4 単回帰分析

(1) 単回帰分析とは

　単回帰分析は, 目的とする変数に対し説明する変数を使って予測や制御を行
うことを目的する. ここで, 「予測や制御の対象とする変数」を **目的変数** とい
い記号 y で表す. また, 「予測や制御の説明に用いる変数」を **説明変数** といい,
記号 x で表す. これらの変数を測定した n 組のデータに対して, 次のような
構造式(実験計画法での構造式と同じもの)を考える.

$$y_i = a + bx_i + \varepsilon_i$$

　ただし, 誤差 ε_i は, 互いに独立で母平均 0 の正規分布に従っていると考える.

　この構造式は, 目的変数である y_i が, 説明変数 x_i の一次式(b 倍して a を
加えた項)に, 誤差 ε_i が伴っているとことを表している.

　ここで, b は **回帰係数** と呼ばれる.

(2) 最小二乗法

　x と y との関係式を求めることが回帰分析の目的である.

　仮に, $\hat{y} = a + bx$ の回帰式が得られたとして, y の実測値である y_i と $(a + bx_i)$ の差(**残差**)を 2 乗し, これらの和(**残差平方和**)を最小にする a, b を求め

ると，これが x から y を推定するのに最もばらつきの少ない推定値を得る方法となる．この方法を**最小二乗法**という（図 9.5）．

このときの a, b は，

$$b = \frac{S_{xy}}{S_{xx}}$$

$$a = \bar{y} - b\bar{x} = \bar{y} - \frac{S_{xy}}{S_{xx}}\bar{x}$$

となる．

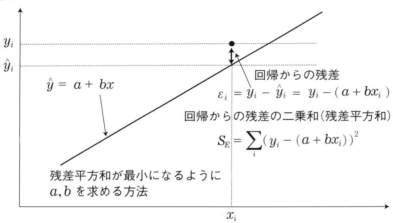

図 9.5 最小二乗法の考え方

もっと知りたい

最小二乗法は，散布図上のすべての点について，

$$Q(a,b) = \sum_i \left\{ y_i - (a + bx_i) \right\}^2$$

が最小になるように a, b を決める方法である．

$$Q(a,b) = \sum_i \left\{ y_i - (a + bx_i) \right\}^2$$

$$= \sum_i \left\{ (y_i - \overline{y}) - b(x_i - \overline{x}) + (\overline{y} - a - b\overline{x}) \right\}^2$$

$$= \sum_i (y_i - \overline{y})^2 + b^2 \sum_i (x_i - \overline{x})^2$$

$$\quad + (\overline{y} - a - b\overline{x})^2 \sum_i 1 - 2b \sum_i (x_i - \overline{x})(y_i - \overline{y})$$

$$\quad + 2(\overline{y} - a - b\overline{x}) \sum_i (y_i - \overline{y}) - 2b(\overline{y} - a - b\overline{x}) \sum_i (x_i - \overline{x})$$

$$= S_{yy} + b^2 S_{xx} + n(\overline{y} - a - b\overline{x})^2 - 2b S_{xy}$$

$$= S_{xx} \left\{ b - \frac{S_{xy}}{S_{xx}} \right\}^2 + n(\overline{y} - a - b\overline{x})^2 + S_{yy} - \frac{S_{xy}^2}{S_{xx}}$$

ここで，第 1 項も第 2 項も 0 以上なので，ともに 0 になるときに $Q(a,b)$ は最小になる．したがって，$b - \dfrac{S_{xy}}{S_{xx}}$ かつ $\overline{y} - a - b\overline{x} = 0$ のとき，$Q(a,b)$ は最小になるので，a, b は，

$$b = \frac{S_{xy}}{S_{xx}}$$

$$a = \overline{y} - b\overline{x} = \overline{y} - \frac{S_{xy}}{S_{xx}} \overline{x}$$

となる．

【例題 9.2】

表 9.2 のデータから回帰式を求めよ．

【解答】

手順 1：$\overline{x}$, $\overline{y}$ の計算

表 9.2 より，

第 9 章　相関分析と回帰分析

$$\overline{x} = \frac{1738}{30} = 57.93$$

$$\overline{y} = \frac{1914}{30} = 63.80$$

となる.

手順 2：回帰係数 b の計算

$$b = \frac{S_{xy}}{S_{xx}} = \frac{2441.6}{3145.9} = 0.776$$

となる.

手順 3：切片 a の計算

$$a = \overline{y} - b\overline{x} = 63.80 - 0.776 \times 57.93 = 18.846$$

となる.

手順 4：回帰式の決定

$$y = a + bx = 18.85 + 0.776x$$

あるいは,

$$y = \overline{y} + b(x - \overline{x}) = 63.80 + 0.776(x - 57.93)$$

となる.

手順 5：散布図に回帰式を記入

図 9.6 に回帰式を記入した散布図を示す.

もっと知りたい

　求めた回帰式は得られたデータの範囲内で使えると考える．したがって，データの範囲外での使用(**外挿**という)には十分な注意が必要である．

(3)　平方和の分解による回帰の評価

　回帰に意味があるかどうかについては，分散分析表を用いて解析できる．以下の例題によって解析の手順を示す．

9.4 単回帰分析

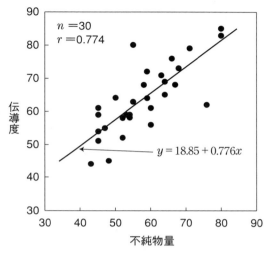

図 9.6　回帰式を記入した散布図

【例題 9.3】
表 9.2 のデータから分散分析を行い，さらに**寄与率**を求めよ．

【解答】
手順 1：平方和の計算

総平方和：$S_T = S_{yy} = 3166.8$

回帰による平方和：$S_R = \dfrac{S_{xy}^2}{S_{xx}} = \dfrac{2441.6^2}{3145.9} = 1895.0$

残差平方和：$S_E = S_T - S_R = 3166.8 - 1895.0 = 1271.8$

第9章　相関分析と回帰分析

もっと知りたい

平方和の分解は，下記のようになる．

$$S_T = S_{yy} = \sum (y_i - \overline{y})^2 = \sum \left\{ y_i - (a + bx_i) + (a + bx_i) - \overline{y} \right\}^2$$

$$= \sum \left\{ y_i - (a + bx_i) \right\}^2 + \sum \left\{ (a + bx_i) - \overline{y} \right\}^2$$

$$= S_E + S_R$$

手順 2：自由度の計算

総平方和の自由度：$\phi_T = n - 1 = 30 - 1 = 29$

回帰による平方和の自由度：$\phi_R = 1$

残差平方和の自由度：$\phi_E = \phi_T - \phi_R = (n-1) - 1 = n - 2 = 30 - 2 = 28$

手順 3：分散分析表の作成

手順 2 で求めた各平方和と自由度と，表 9.3 の手順により，分散（平均平方）V および分散比 F_0 を求めて分散分析表を作成する．

$$V_R = S_R / \phi_R = 1895.0 / 1 = 1895.0$$

$$V_E = S_E / \phi_E = 1271.8 / 28 = 45.42$$

$$F_0 = V_R / V_E = 1895.0 / 45.42 = 41.72$$

表 9.3　分散分析表

要因	平方和 S	自由度 ϕ	分散 V	分散比 F_0	$F(\alpha)$
回帰 R	S_R	ϕ_R	$V_R = S_R / \phi_R$	$F_0 = V_R / V_E$	$F(\phi_R, \phi_E ; \alpha)$
誤差 E	S_E	ϕ_E	$V_E = S_E / \phi_E$		
計	S_T	ϕ_T			

完成した分散分析表を表 9.4 に示す．

9.4 単回帰分析

表 9.4 完成した分散分析表

要因	平方和 S	自由度 ϕ	分散 V	分散比 F_0	$F(0.05)$
回帰 R	1895.0	1	1895.0	41.72	4.20
誤差 E	1271.8	28	45.42		
計	3166.8	29			

手順 4：判定

　分散分析表で求めた分散比 F_0 を，F 表(**付表 5**)より求めた棄却限界値と比較し判定する．

$$R : F_0 \geq F(\phi_R, \phi_E ; \alpha)$$

が成り立てば，有意水準 α で「有意である」と判断し，回帰に意味があったと判断する．

$$F_0 = 41.72 > F(\phi_R, \phi_E ; \alpha) = F(1, 28 ; 0.05) = 4.20$$

となり，有意水準 5% で回帰は有意であるといえる．

もっと知りたい

　分散分析の結果は，前述の母相関係数の検定の結果と一致する．

第9章　相関分析と回帰分析

もっと知りたい

分散分析による検定は，$H_0 : b = 0$，$H_1 : b \neq 0$の検定とまったく同じことをしている．「直線回帰によって説明できる」→「直線の傾きが0ではない」と考えれば理解できるだろう．

手順5：寄与率の計算

目的変数yの総変動$S_T (S_{yy})$のうち，回帰による変動S_Rの割合を**寄与率**R^2と呼ぶ．

$$寄与率 : R^2 = \frac{S_R}{S_T} = \frac{1895.0}{3166.8} = 0.5984$$

となる．

これは，yの全体のばらつきのうち，直線回帰によって説明できるばらつきが約60%であることを示している．

もっと知りたい

寄与率は，0から1の間の値をとる．また，下記のようにxとyの相関係数rの2乗に一致する．

$$R^2 = \frac{S_R}{S_T} = \frac{S_{xy}^2 / S_{xx}}{S_{yy}} = \left(\frac{S_{xy}}{\sqrt{S_{xx} S_{yy}}} \right)^2 = r^2$$

本問の場合も，

$$r^2 = 0.7736^2 = 0.5984$$

となる．

（4）　残差の検討

寄与率が低い場合は，データの点から回帰直線までの差である**残差**が大きいことになる．回帰分析においては，回帰直線を記入した散布図を十分吟味するとともに，以下のような残差の検討が重要である．

9.4 単回帰分析

① 残差のヒストグラムを描く

② 残差の時系列プロットを描く

③ 残差と説明変数の散布図を描く

残差のヒストグラムで外れ値などがあれば，そのデータについて調べる．時系列プロットに異常が見られたら，測定順の影響が考えられる．残差と説明変数の散布図で曲線的な関係が見られた場合には，説明変数に2次の項を考慮する必要がある．

もっとくわしく

付　表

付表 1　正規分布表

付表 2　t 表

付表 3　χ^2 表

付表 4　F 表（0.025）

付表 5　F 表（0.05　0.01）

付表 6　r 表

付表

付表1　正規分布表

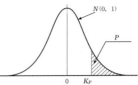

（Ⅰ）　K_P から P を求める表

K_P	*＝0	1	2	3	4	5	6	7	8	9
0.0*	.5000	.4960	.4920	.4880	.4840	.4801	.4761	.4721	.4681	.4641
0.1*	.4602	.4562	.4522	.4483	.4443	.4404	.4364	.4325	.4286	.4247
0.2*	.4207	.4168	.4129	.4090	.4052	.4013	.3974	.3936	.3897	.3859
0.3*	.3821	.3783	.3745	.3707	.3669	.3632	.3594	.3557	.3520	.3483
0.4*	.3446	.3409	.3372	.3336	.3300	.3264	.3228	.3192	.3156	.3121
0.5*	.3085	.3050	.3015	.2981	.2946	.2912	.2877	.2843	.2810	.2776
0.6*	.2743	.2709	.2676	.2643	.2611	.2578	.2546	.2514	.2483	.2451
0.7*	.2420	.2389	.2358	.2327	.2296	.2266	.2236	.2206	.2177	.2148
0.8*	.2119	.2090	.2061	.2033	.2005	.1977	.1949	.1922	.1894	.1867
0.9*	.1841	.1814	.1788	.1762	.1736	.1711	.1685	.1660	.1635	.1611
1.0*	.1587	.1562	.1539	.1515	.1492	.1469	.1446	.1423	.1401	.1379
1.1*	.1357	.1335	.1314	.1292	.1271	.1251	.1230	.1210	.1190	.1170
1.2*	.1151	.1131	.1112	.1093	.1075	.1056	.1038	.1020	.1003	.0985
1.3*	.0968	.0951	.0934	.0918	.0901	.0885	.0869	.0853	.0838	.0823
1.4*	.0808	.0793	.0778	.0764	.0749	.0735	.0721	.0708	.0694	.0681
1.5*	.0668	.0655	.0643	.0630	.0618	.0606	.0594	.0582	.0571	.0559
1.6*	.0548	.0537	.0526	.0516	.0505	.0495	.0485	.0475	.0465	.0455
1.7*	.0446	.0436	.0427	.0418	.0409	.0401	.0392	.0384	.0375	.0367
1.8*	.0359	.0351	.0344	.0336	.0329	.0322	.0314	.0307	.0301	.0294
1.9*	.0287	.0281	.0274	.0268	.0262	.0256	.0250	.0244	.0239	.0233
2.0*	.0228	.0222	.0217	.0212	.0207	.0202	.0197	.0192	.0188	.0183
2.1*	.0179	.0174	.0170	.0166	.0162	.0158	.0154	.0150	.0146	.0143
2.2*	.0139	.0136	.0132	.0129	.0125	.0122	.0119	.0116	.0113	.0110
2.3*	.0107	.0104	.0102	.0099	.0096	.0094	.0091	.0089	.0087	.0084
2.4*	.0082	.0080	.0078	.0075	.0073	.0071	.0069	.0068	.0066	.0064
2.5*	.0062	.0060	.0059	.0057	.0055	.0054	.0052	.0051	.0049	.0048
2.6*	.0047	.0045	.0044	.0043	.0041	.0040	.0039	.0038	.0037	.0036
2.7*	.0035	.0034	.0033	.0032	.0031	.0030	.0029	.0028	.0027	.0026
2.8*	.0026	.0025	.0024	.0023	.0023	.0022	.0021	.0021	.0020	.0019
2.9*	.0019	.0018	.0018	.0017	.0016	.0016	.0015	.0015	.0014	.0014
3.0*	.0013	.0013	.0013	.0012	.0012	.0011	.0011	.0011	.0010	.0010
3.5	.2326E-3									
4.0	.3167E-4									
4.5	.3398E-5									
5.0	.2867E-6									
5.5	.1899E-7									

（Ⅱ）　P から K_P を求める表

P	*＝0	1	2	3	4	5	6	7	8	9
0.00*	∞	3.090	2.878	2.748	2.652	2.576	2.512	2.457	2.409	2.366
0.0*	∞	2.326	2.054	1.881	1.751	1.645	1.555	1.476	1.405	1.341
0.1*	1.282	1.227	1.175	1.126	1.080	1.036	.994	.954	.915	.878
0.2*	.842	.806	.772	.739	.706	.674	.643	.613	.583	.553
0.3*	.524	.496	.468	.440	.412	.385	.358	.332	.305	.279
0.4*	.253	.228	.202	.176	.151	.126	.100	.075	.050	.025

出典：森口繁一，日科技連数値表委員会編，『新編 日科技連数値表—第2版』，日科技連出版社，2009年．

付　表

付表2　t表

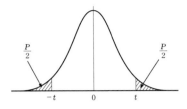

自由度 ϕ と両側確率 P とから t を求める表

ϕ \ P	0.50	0.40	0.30	0.20	0.10	0.05	0.02	0.01	0.001	P \ ϕ
1	1.000	1.376	1.963	3.078	6.314	12.706	31.821	63.657	636.619	1
2	0.816	1.061	1.386	1.886	2.920	4.303	6.965	9.925	31.599	2
3	0.765	0.978	1.250	1.638	2.353	3.182	4.541	5.841	12.924	3
4	0.741	0.941	1.190	1.533	2.132	2.776	3.747	4.604	8.610	4
5	0.727	0.920	1.156	1.476	2.015	2.571	3.365	4.032	6.869	5
6	0.718	0.906	1.134	1.440	1.943	2.447	3.143	3.707	5.959	6
7	0.711	0.896	1.119	1.415	1.895	2.365	2.998	3.499	5.408	7
8	0.706	0.889	1.108	1.397	1.860	2.306	2.896	3.355	5.041	8
9	0.703	0.883	1.100	1.383	1.833	2.262	2.821	3.250	4.781	9
10	0.700	0.879	1.093	1.372	1.812	2.228	2.764	3.169	4.587	10
11	0.697	0.876	1.088	1.363	1.796	2.201	2.718	3.106	4.437	11
12	0.695	0.873	1.083	1.356	1.782	2.179	2.681	3.055	4.318	12
13	0.694	0.870	1.079	1.350	1.771	2.160	2.650	3.012	4.221	13
14	0.692	0.868	1.076	1.345	1.761	2.145	2.624	2.977	4.140	14
15	0.691	0.866	1.074	1.341	1.753	2.131	2.602	2.947	4.073	15
16	0.690	0.865	1.071	1.337	1.746	2.120	2.583	2.921	4.015	16
17	0.689	0.863	1.069	1.333	1.740	2.110	2.567	2.898	3.965	17
18	0.688	0.862	1.067	1.330	1.734	2.101	2.552	2.878	3.922	18
19	0.688	0.861	1.066	1.328	1.729	2.093	2.539	2.861	3.883	19
20	0.687	0.860	1.064	1.325	1.725	2.086	2.528	2.845	3.850	20
21	0.686	0.859	1.063	1.323	1.721	2.080	2.518	2.831	3.819	21
22	0.686	0.858	1.061	1.321	1.717	2.074	2.508	2.819	3.792	22
23	0.685	0.858	1.060	1.319	1.714	2.069	2.500	2.807	3.768	23
24	0.685	0.857	1.059	1.318	1.711	2.064	2.492	2.797	3.745	24
25	0.684	0.856	1.058	1.316	1.708	2.060	2.485	2.787	3.725	25
26	0.684	0.856	1.058	1.315	1.706	2.056	2.479	2.779	3.707	26
27	0.684	0.855	1.057	1.314	1.703	2.052	2.473	2.771	3.690	27
28	0.683	0.855	1.056	1.313	1.701	2.048	2.467	2.763	3.674	28
29	0.683	0.854	1.055	1.311	1.699	2.045	2.462	2.756	3.659	29
30	0.683	0.854	1.055	1.310	1.697	2.042	2.457	2.750	3.646	30
40	0.681	0.851	1.050	1.303	1.684	2.021	2.423	2.704	3.551	40
60	0.679	0.848	1.046	1.296	1.671	2.000	2.390	2.660	3.460	60
120	0.677	0.845	1.041	1.289	1.658	1.980	2.358	2.617	3.373	120
∞	0.674	0.842	1.036	1.282	1.645	1.960	2.326	2.576	3.291	∞

例：$\phi = 10$ の両側5%点（$P = 0.05$）に対する t の値は2.228である．
出典：森口繁一，日科技連数値表委員会編，『新編 日科技連数値表―第2版』，日科技連出版社，2009年．

付表3 χ^2表

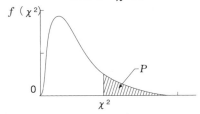

自由度 ϕ と上側確率 P とから χ^2 を求める表

P \ ϕ	.995	.99	.975	.95	.90	.75	.50	.25	.10	.05	.025	.01	.005	P \ ϕ
1	0.0⁴393	0.0³157	0.0³982	0.0²393	0.0158	0.102	0.455	1.323	2.71.	3.84	5.02	6.63	7.88	1
2	0.0100	0.0201	0.0506	0.103	0.211	0.575	1.386	2.77	4.61	5.99	7.38	9.21	10.60	2
3	0.0717	0.115	0.216	0.352	0.584	1.213	2.37	4.11	6.25	7.81	9.35	11.34	12.84	3
4	0.207	0.297	0.484	0.711	1.064	1.923	3.36	5.39	7.78	9.49	11.14	13.28	14.86	4
5	0.412	0.544	0.831	1.145	1.610	2.67	4.35	6.63	9.24	11.07	12.83	15.09	16.75	5
6	0.676	0.872	1.237	1.635	2.20	3.45	5.35	7.84	10.64	12.59	14.45	16.81	18.55	6
7	0.989	1.239	1.690	2.17	2.83	4.25	6.35	9.04	12.02	14.07	16.01	18.48	20.3	7
8	1.344	1.646	2.18	2.73	3.49	5.07	7.34	10.22	13.36	15.51	17.53	20.1	22.0	8
9	1.735	2.09	2.70	3.33	4.17	5.90	8.34	11.39	14.68	16.92	19.02	21.7	23.6	9
10	2.16	2.56	3.25	3.94	4.87	6.74	9.34	12.55	15.99	18.31	20.5	23.2	25.2	10
11	2.60	3.05	3.82	4.57	5.58	7.58	10.34	13.70	17.28	19.68	21.9	24.7	26.8	11
12	3.07	3.57	4.40	5.23	6.30	8.44	11.34	14.85	18.55	21.0	23.3	26.2	28.3	12
13	3.57	4.11	5.01	5.89	7.04	9.30	12.34	15.98	19.81	22.4	24.7	27.7	29.8	13
14	4.07	4.66	5.63	6.57	7.79	10.17	13.34	17.12	21.1	23.7	26.1	29.1	31.3	14
15	4.60	5.23	6.26	7.26	8.55	11.04	14.34	18.25	22.3	25.0	27.5	30.6	32.8	15
16	5.14	5.81	6.91	7.96	9.31	11.91	15.34	19.37	23.5	26.3	28.8	32.0	34.3	16
17	5.70	6.41	7.56	8.67	10.09	12.79	16.34	20.5	24.8	27.6	30.2	33.4	35.7	17
18	6.26	7.01	8.23	9.39	10.86	13.68	17.34	21.6	26.0	28.9	31.5	34.8	37.2	18
19	6.84	7.63	8.91	10.12	11.65	14.56	18.34	22.7	27.2	30.1	32.9	36.2	38.6	19
20	.7.43	8.26	9.59.	10.85	12.44	15.45	19.34	23.8	28.4	31.4	34.2	37.6	40.0	20
21	8.03	8.90	10.28	11.59	13.24	16.34	20.3	24.9	29.6	32.7	35.5	38.9	41.4	21
22	8.64	9.54	10.98	12.34	14.04	17.24	21.3	26.0	30.8	33.9	36.8	40.3	42.8	22
23	9.26	10.20	11.69	13.09	14.85	18.14	22.3	27.1	32.0	35.2	38.1	41.6	44.2	23
24	9.89	10.86	12.40	13.85	15.66	19.04	23.3	28.2	33.2	36.4	39.4	43.0	45.6	24
25	10.52	11.52	13.12	14.61	16.47	19.94	24.3	29.3	34.4	37.7	40.6	44.3	46.9	25
26	11.16	12.20	13.84	15.38	17.29	20.8	25.3	30.4	35.6	38.9	41.9	45.6	48.3	26
27	11.81	12.88	14.57	16.15	18.11	21.7	26.3	31.5	36.7	40.1	43.2	47.0	49.6	27
28	12.46	13.56	15.31	16.93	18.94	22.7	27.3	32.6	37.9	41.3	44.5	48.3	51.0	28
29	13.12	14.26	16.05	17.71	19.77	23.6	28.3	33.7	39.1	42.6	45.7	49.6	52.3	29
30	13.79	14.95	16.79	18.49	20.6	24.5	29.3	34.8	40.3	43.8	47.0	50.9	53.7	30
40	20.7	22.2	24.4	26.5	29.1	33.7	39.3	45.6	51.8	55.8	59.3	63.7	66.8	40
50	28.0	29.7	32.4	34.8	37.7	42.9	49.3	56.3	63.2	67.5	71.4	76.2	79.5	50
60	35.5	37.5	40.5	43.2	46.5	52.3	59.3	67.0	74.4	79.1	83.3	88.4	92.0	60
70	43.3	45.4	48.8	51.7	55.3	61.7	69.3	77.6	85.5	90.5	95.0	100.4	104.2	70
80	51.2	53.5	57.2	60.4	64.3	71.1	79.3	88.1	96.6	101.9	106.6	112.3	116.3	80
90	59.2	61.8	65.6	69.1	73.3	80.6	89.3	98.6	107.6	113.1	118.1	124.1	128.3	90
100	67.3	70..1	74.2	77.9	82.4	90.1	99.3	109.1	118.5	124.3	129.6	135.9	140.2	100

出典：森口繁一，日科技連数値表委員会編，『新編 日科技連数値表—第2版』，日科技連出版社，2009年．

付表 4　F表 (0.025)

$F(\phi_1, \phi_2; \alpha)$　$\alpha = 0.025$
$\phi_1 =$ 分子の自由度　$\phi_2 =$ 分母の自由度

$\phi_2 \backslash \phi_1$	1	2	3	4	5	6	7	8	9	10	12	15	20	24	30	40	60	120	∞
1	648.	800.	864.	900.	922.	937.	948.	957.	963.	969.	977.	985.	993.	997.	1001.	1006.	1010.	1014.	1018.
2	38.5	39.0	39.2	39.2	39.3	39.3	39.4	39.4	39.4	39.4	39.4	39.4	39.4	39.5	39.5	39.5	39.5	39.5	39.5
3	17.4	16.0	15.4	15.1	14.9	14.7	14.6	14.5	14.5	14.4	14.3	14.3	14.2	14.1	14.1	14.0	14.0	13.9	13.9
4	12.2	10.6	9.98	9.60	9.36	9.20	9.07	8.98	8.90	8.84	8.75	8.66	8.56	8.51	8.46	8.41	8.36	8.31	8.26
5	10.0	8.43	7.76	7.39	7.15	6.98	6.85	6.76	6.68	6.62	6.52	6.43	6.33	6.28	6.23	6.18	6.12	6.07	6.02
6	8.81	7.26	6.60	6.23	5.99	5.82	5.70	5.60	5.52	5.46	5.37	5.27	5.17	5.12	5.07	5.01	4.96	4.90	4.85
7	8.07	6.54	5.89	5.52	5.29	5.12	4.99	4.90	4.82	4.76	4.67	4.57	4.47	4.42	4.36	4.31	4.25	4.20	4.14
8	7.57	6.06	5.42	5.05	4.82	4.65	4.53	4.43	4.36	4.30	4.20	4.10	4.00	3.95	3.89	3.84	3.78	3.73	3.67
9	7.21	5.71	5.08	4.72	4.48	4.32	4.20	4.10	4.03	3.96	3.87	3.77	3.67	3.61	3.56	3.51	3.45	3.39	3.33
10	6.94	5.46	4.83	4.47	4.24	4.07	3.95	3.85	3.78	3.72	3.62	3.52	3.42	3.37	3.31	3.26	3.20	3.14	3.08
11	6.72	5.26	4.63	4.28	4.04	3.88	3.76	3.66	3.59	3.53	3.43	3.33	3.23	3.17	3.12	3.06	3.00	2.94	2.88
12	6.55	5.10	4.47	4.12	3.89	3.73	3.61	3.51	3.44	3.37	3.28	3.18	3.07	3.02	2.96	2.91	2.85	2.79	2.72
13	6.41	4.97	4.35	4.00	3.77	3.60	3.48	3.39	3.31	3.25	3.15	3.05	2.95	2.89	2.84	2.78	2.72	2.66	2.60
14	6.30	4.86	4.24	3.89	3.66	3.50	3.38	3.29	3.21	3.15	3.05	2.95	2.84	2.79	2.73	2.67	2.61	2.55	2.49
15	6.20	4.77	4.15	3.80	3.58	3.41	3.29	3.20	3.12	3.06	2.96	2.86	2.76	2.70	2.64	2.59	2.52	2.46	2.40
16	6.12	4.69	4.08	3.73	3.50	3.34	3.22	3.12	3.05	2.99	2.89	2.79	2.68	2.63	2.57	2.51	2.45	2.38	2.32
17	6.04	4.62	4.01	3.66	3.44	3.28	3.16	3.06	2.98	2.92	2.82	2.72	2.62	2.56	2.50	2.44	2.38	2.32	2.25
18	5.98	4.56	3.95	3.61	3.38	3.22	3.10	3.01	2.93	2.87	2.77	2.67	2.56	2.50	2.44	2.38	2.32	2.26	2.19
19	5.92	4.51	3.90	3.56	3.33	3.17	3.05	2.96	2.88	2.82	2.72	2.62	2.51	2.45	2.39	2.33	2.27	2.20	2.13
20	5.87	4.46	3.86	3.51	3.29	3.13	3.01	2.91	2.84	2.77	2.68	2.57	2.46	2.41	2.35	2.29	2.22	2.16	2.09
21	5.83	4.42	3.82	3.48	3.25	3.09	2.97	2.87	2.80	2.73	2.64	2.53	2.42	2.37	2.31	2.25	2.18	2.11	2.04
22	5.79	4.38	3.78	3.44	3.22	3.05	2.93	2.84	2.76	2.70	2.60	2.50	2.39	2.33	2.27	2.21	2.14	2.08	2.00
23	5.75	4.35	3.75	3.41	3.18	3.02	2.90	2.81	2.73	2.67	2.57	2.47	2.36	2.30	2.24	2.18	2.11	2.04	1.97
24	5.72	4.32	3.72	3.38	3.15	2.99	2.87	2.78	2.70	2.64	2.54	2.44	2.33	2.27	2.21	2.15	2.08	2.01	1.94
25	5.69	4.29	3.69	3.35	3.13	2.97	2.85	2.75	2.68	2.61	2.51	2.41	2.30	2.24	2.18	2.12	2.05	1.98	1.91
26	5.66	4.27	3.67	3.33	3.10	2.94	2.82	2.73	2.65	2.59	2.49	2.39	2.28	2.22	2.16	2.09	2.03	1.95	1.88
27	5.63	4.24	3.65	3.31	3.08	2.92	2.80	2.71	2.63	2.57	2.47	2.36	2.25	2.19	2.13	2.07	2.00	1.93	1.85
28	5.61	4.22	3.63	3.29	3.06	2.90	2.78	2.69	2.61	2.55	2.45	2.34	2.23	2.17	2.11	2.05	1.98	1.91	1.83
29	5.59	4.20	3.61	3.27	3.04	2.88	2.76	2.67	2.59	2.53	2.43	2.32	2.21	2.15	2.09	2.03	1.96	1.89	1.81
30	5.57	4.18	3.59	3.25	3.03	2.87	2.75	2.65	2.57	2.51	2.41	2.31	2.20	2.14	2.07	2.01	1.94	1.87	1.79
40	5.42	4.05	3.46	3.13	2.90	2.74	2.62	2.53	2.45	2.39	2.29	2.18	2.07	2.01	1.94	1.88	1.80	1.72	1.64
60	5.29	3.93	3.34	3.01	2.79	2.63	2.51	2.41	2.33	2.27	2.17	2.06	1.94	1.88	1.82	1.74	1.67	1.58	1.48
120	5.15	3.80	3.23	2.89	2.67	2.52	2.39	2.30	2.22	2.16	2.05	1.94	1.82	1.76	1.69	1.61	1.53	1.43	1.31
∞	5.02	3.69	3.12	2.79	2.57	2.41	2.29	2.19	2.11	2.05	1.94	1.83	1.71	1.64	1.57	1.48	1.39	1.27	1.00

例：$\phi_1 = 5$，$\phi_2 = 10$の$F(\phi_1, \phi_2 ; 0.025)$の値は，$\phi_1 = 5$の列と$\phi_2 = 10$の行の交わる点の値4.24で与えられる。

出典：森口繁一，日科技連数値表委員会編，『新編 日科技連数値表—第2版』，日科技連出版社，2009年。

付表 5　F表 (0.05　0.01)

$F(\phi_1, \phi_2 ; \alpha)$　$\alpha=0.05$（細字）　$\alpha=0.01$（太字）
$\phi_1 =$ 分子の自由度　$\phi_2 =$ 分母の自由度

$\phi_2 \backslash \phi_1$	1	2	3	4	5	6	7	8	9	10	12	15	20	24	30	40	60	120	∞
1	161.	200.	216.	225.	230.	234.	237.	239.	241.	242.	244.	246.	248.	249.	250.	251.	252.	253.	254.
	4052.	**5000.**	**5403.**	**5625.**	**5764.**	**5859.**	**5928.**	**5981.**	**6022.**	**6056.**	**6106.**	**6157.**	**6209.**	**6235.**	**6261.**	**6287.**	**6313.**	**6339.**	**6366.**
2	18.5	19.0	19.2	19.2	19.3	19.3	19.4	19.4	19.4	19.4	19.4	19.4	19.4	19.5	19.5	19.5	19.5	19.5	19.5
	98.5	**99.0**	**99.2**	**99.2**	**99.3**	**99.3**	**99.4**	**99.4**	**99.4**	**99.4**	**99.4**	**99.4**	**99.4**	**99.5**	**99.5**	**99.5**	**99.5**	**99.5**	**99.5**
3	10.1	9.55	9.28	9.12	9.01	8.94	8.89	8.85	8.81	8.79	8.74	8.70	8.66	8.64	8.62	8.59	8.57	8.55	8.53
	34.1	**30.8**	**29.5**	**28.7**	**28.2**	**27.9**	**27.7**	**27.5**	**27.3**	**27.2**	**27.1**	**26.9**	**26.7**	**26.6**	**26.5**	**26.4**	**26.3**	**26.2**	**26.1**
4	7.71	6.94	6.59	6.39	6.26	6.16	6.09	6.04	6.00	5.96	5.91	5.86	5.80	5.77	5.75	5.72	5.69	5.66	5.63
	21.2	**18.0**	**16.7**	**16.0**	**15.5**	**15.2**	**15.0**	**14.8**	**14.7**	**14.5**	**14.4**	**14.2**	**14.0**	**13.9**	**13.8**	**13.7**	**13.7**	**13.6**	**13.5**
5	6.61	5.79	5.41	5.19	5.05	4.95	4.88	4.82	4.77	4.74	4.68	4.62	4.56	4.53	4.50	4.46	4.43	4.40	4.36
	16.3	**13.3**	**12.1**	**11.4**	**11.0**	**10.7**	**10.5**	**10.3**	**10.2**	**10.1**	**9.89**	**9.72**	**9.55**	**9.47**	**9.38**	**9.29**	**9.20**	**9.11**	**9.02**
6	5.99	5.14	4.76	4.53	4.39	4.28	4.21	4.15	4.10	4.06	4.00	3.94	3.87	3.84	3.81	3.77	3.74	3.70	3.67
	13.7	**10.9**	**9.78**	**9.15**	**8.75**	**8.47**	**8.26**	**8.10**	**7.98**	**7.87**	**7.72**	**7.56**	**7.40**	**7.31**	**7.23**	**7.14**	**7.06**	**6.97**	**6.88**
7	5.59	4.74	4.35	4.12	3.97	3.87	3.79	3.73	3.68	3.64	3.57	3.51	3.44	3.41	3.38	3.34	3.30	3.27	3.23
	12.2	**9.55**	**8.45**	**7.85**	**7.46**	**7.19**	**6.99**	**6.84**	**6.72**	**6.62**	**6.47**	**6.31**	**6.16**	**6.07**	**5.99**	**5.91**	**5.82**	**5.74**	**5.65**
8	5.32	4.46	4.07	3.84	3.69	3.58	3.50	3.44	3.39	3.35	3.28	3.22	3.15	3.12	3.08	3.04	3.01	2.97	2.93
	11.3	**8.65**	**7.59**	**7.01**	**6.63**	**6.37**	**6.18**	**6.03**	**5.91**	**5.81**	**5.67**	**5.52**	**5.36**	**5.28**	**5.20**	**5.12**	**5.03**	**4.95**	**4.86**
9	5.12	4.26	3.86	3.63	3.48	3.37	3.29	3.23	3.18	3.14	3.07	3.01	2.94	2.90	2.86	2.83	2.79	2.75	2.71
	10.6	**8.02**	**6.99**	**6.42**	**6.06**	**5.80**	**5.61**	**5.47**	**5.35**	**5.26**	**5.11**	**4.96**	**4.81**	**4.73**	**4.65**	**4.57**	**4.48**	**4.40**	**4.31**
10	4.96	4.10	3.71	3.48	3.33	3.22	3.14	3.07	3.02	2.98	2.91	2.85	2.77	2.74	2.70	2.66	2.62	2.58	2.54
	10.0	**7.56**	**6.55**	**5.99**	**5.64**	**5.39**	**5.20**	**5.06**	**4.94**	**4.85**	**4.71**	**4.56**	**4.41**	**4.33**	**4.25**	**4.17**	**4.08**	**4.00**	**3.91**
11	4.84	3.98	3.59	3.36	3.20	3.09	3.01	2.95	2.90	2.85	2.79	2.72	2.65	2.61	2.57	2.53	2.49	2.45	2.40
	9.65	**7.21**	**6.22**	**5.67**	**5.32**	**5.07**	**4.89**	**4.74**	**4.63**	**4.54**	**4.40**	**4.25**	**4.10**	**4.02**	**3.94**	**3.86**	**3.78**	**3.69**	**3.60**
12	4.75	3.89	3.49	3.26	3.11	3.00	2.91	2.85	2.80	2.75	2.69	2.62	2.54	2.51	2.47	2.43	2.38	2.34	2.30
	9.33	**6.93**	**5.95**	**5.41**	**5.06**	**4.82**	**4.64**	**4.50**	**4.39**	**4.30**	**4.16**	**4.01**	**3.86**	**3.78**	**3.70**	**3.62**	**3.54**	**3.45**	**3.36**
13	4.67	3.81	3.41	3.18	3.03	2.92	2.83	2.77	2.71	2.67	2.60	2.53	2.46	2.42	2.38	2.34	2.30	2.25	2.21
	9.07	**6.70**	**5.74**	**5.21**	**4.86**	**4.62**	**4.44**	**4.30**	**4.19**	**4.10**	**3.96**	**3.82**	**3.66**	**3.59**	**3.51**	**3.43**	**3.34**	**3.25**	**3.17**
14	4.60	3.74	3.34	3.11	2.96	2.85	2.76	2.70	2.65	2.60	2.53	2.46	2.39	2.35	2.31	2.27	2.22	2.18	2.13
	8.86	**6.51**	**5.56**	**5.04**	**4.69**	**4.46**	**4.28**	**4.14**	**4.03**	**3.94**	**3.80**	**3.66**	**3.51**	**3.43**	**3.35**	**3.27**	**3.18**	**3.09**	**3.00**
15	4.54	3.68	3.29	3.06	2.90	2.79	2.71	2.64	2.59	2.54	2.48	2.40	2.33	2.29	2.25	2.20	2.16	2.11	2.07
	8.68	**6.36**	**5.42**	**4.89**	**4.56**	**4.32**	**4.14**	**4.00**	**3.89**	**3.80**	**3.67**	**3.52**	**3.37**	**3.29**	**3.21**	**3.13**	**3.05**	**2.96**	**2.87**

例　$\phi_1 = 5$, $\phi_2 = 10$に対する$F(\phi_1, \phi_2 ; 0.05)$の値は，$\phi_1 = 5$の列と$\phi_2 = 10$の行の交わる点の上段の値（細字）で3.33で与えられる．

付 表

付表 5 （つづき）

ϕ_2	1	2	3	4	5	6	7	8	9	10	12	15	20	24	30	40	60	120	∞
16	4.49	3.63	3.24	3.01	2.85	2.74	2.66	2.59	2.54	2.49	2.42	2.35	2.28	2.24	2.19	2.15	2.11	2.06	2.01
	8.53	6.23	5.29	4.77	4.44	4.20	4.03	3.89	3.78	3.69	3.55	3.41	3.26	3.18	3.10	3.02	2.93	2.84	2.75
17	4.45	3.59	3.20	2.96	2.81	2.70	2.61	2.55	2.49	2.45	2.38	2.31	2.23	2.19	2.15	2.10	2.06	2.01	1.96
	8.40	6.11	5.18	4.67	4.34	4.10	3.93	3.79	3.68	3.59	3.46	3.31	3.16	3.08	3.00	2.92	2.83	2.75	2.65
18	4.41	3.55	3.16	2.93	2.77	2.66	2.58	2.51	2.46	2.41	2.34	2.27	2.19	2.15	2.11	2.06	2.02	1.97	1.92
	8.29	6.01	5.09	4.58	4.25	4.01	3.84	3.71	3.60	3.51	3.37	3.23	3.08	3.00	2.92	2.84	2.75	2.66	2.57
19	4.38	3.52	3.13	2.90	2.74	2.63	2.54	2.48	2.42	2.38	2.31	2.23	2.16	2.11	2.07	2.03	1.98	1.93	1.88
	8.18	5.93	5.01	4.50	4.17	3.94	3.77	3.63	3.52	3.43	3.30	3.15	3.00	2.92	2.84	2.76	2.67	2.58	2.49
20	4.35	3.49	3.10	2.87	2.71	2.60	2.51	2.45	2.39	2.35	2.28	2.20	2.12	2.08	2.04	1.99	1.95	1.90	1.84
	8.10	5.85	4.94	4.43	4.10	3.87	3.70	3.56	3.46	3.37	3.23	3.09	2.94	2.86	2.78	2.69	2.61	2.52	2.42
21	4.32	3.47	3.07	2.84	2.68	2.57	2.49	2.42	2.37	2.32	2.25	2.18	2.10	2.05	2.01	1.96	1.92	1.87	1.81
	8.02	5.78	4.87	4.37	4.04	3.81	3.64	3.51	3.40	3.31	3.17	3.03	2.88	2.80	2.72	2.64	2.55	2.46	2.36
22	4.30	3.44	3.05	2.82	2.66	2.55	2.46	2.40	2.34	2.30	2.23	2.15	2.07	2.03	1.98	1.94	1.89	1.84	1.78
	7.95	5.72	4.82	4.31	3.99	3.76	3.59	3.45	3.35	3.26	3.12	2.98	2.83	2.75	2.67	2.58	2.50	2.40	2.31
23	4.28	3.42	3.03	2.80	2.64	2.53	2.44	2.37	2.32	2.27	2.20	2.13	2.05	2.01	1.96	1.91	1.86	1.81	1.76
	7.88	5.66	4.76	4.26	3.94	3.71	3.54	3.41	3.30	3.21	3.07	2.93	2.78	2.70	2.62	2.54	2.45	2.35	2.26
24	4.26	3.40	3.01	2.78	2.62	2.51	2.42	2.36	2.30	2.25	2.18	2.11	2.03	1.98	1.94	1.89	1.84	1.79	1.73
	7.82	5.61	4.72	4.22	3.90	3.67	3.50	3.36	3.26	3.17	3.03	2.89	2.74	2.66	2.58	2.49	2.40	2.31	2.21
25	4.24	3.39	2.99	2.76	2.60	2.49	2.40	2.34	2.28	2.24	2.16	2.09	2.01	1.96	1.92	1.87	1.82	1.77	1.71
	7.77	5.57	4.68	4.18	3.85	3.63	3.46	3.32	3.22	3.13	2.99	2.85	2.70	2.62	2.54	2.45	2.36	2.27	2.17
26	4.23	3.37	2.98	2.74	2.59	2.47	2.39	2.32	2.27	2.22	2.15	2.07	1.99	1.95	1.90	1.85	1.80	1.75	1.69
	7.72	5.53	4.64	4.14	3.82	3.59	3.42	3.29	3.18	3.09	2.96	2.81	2.66	2.58	2.50	2.42	2.33	2.23	2.13
27	4.21	3.35	2.96	2.73	2.57	2.46	2.37	2.31	2.25	2.20	2.13	2.06	1.97	1.93	1.88	1.84	1.79	1.73	1.67
	7.68	5.49	4.60	4.11	3.78	3.56	3.39	3.26	3.15	3.06	2.93	2.78	2.63	2.55	2.47	2.38	2.29	2.20	2.10
28	4.20	3.34	2.95	2.71	2.56	2.45	2.36	2.29	2.24	2.19	2.12	2.04	1.96	1.91	1.87	1.82	1.77	1.71	1.65
	7.64	5.45	4.57	4.07	3.75	3.53	3.36	3.23	3.12	3.03	2.90	2.75	2.60	2.52	2.44	2.35	2.26	2.17	2.06
29	4.18	3.33	2.93	2.70	2.55	2.43	2.35	2.28	2.22	2.18	2.10	2.03	1.94	1.90	1.85	1.81	1.75	1.70	1.64
	7.60	5.42	4.54	4.04	3.73	3.50	3.33	3.20	3.09	3.00	2.87	2.73	2.57	2.49	2.41	2.33	2.23	2.14	2.03
30	4.17	3.32	2.92	2.69	2.53	2.42	2.33	2.27	2.21	2.16	2.09	2.01	1.93	1.89	1.84	1.79	1.74	1.68	1.62
	7.56	5.39	4.51	4.02	3.70	3.47	3.30	3.17	3.07	2.98	2.84	2.70	2.55	2.47	2.39	2.30	2.21	2.11	2.01
40	4.08	3.23	2.84	2.61	2.45	2.34	2.25	2.18	2.12	2.08	2.00	1.92	1.84	1.79	1.74	1.69	1.64	1.58	1.51
	7.31	5.18	4.31	3.83	3.51	3.29	3.12	2.99	2.89	2.80	2.66	2.52	2.37	2.29	2.20	2.11	2.02	1.92	1.80
60	4.00	3.15	2.76	2.53	2.37	2.25	2.17	2.10	2.04	1.99	1.92	1.84	1.75	1.70	1.65	1.59	1.53	1.47	1.39
	7.08	4.98	4.13	3.65	3.34	3.12	2.95	2.82	2.72	2.63	2.50	2.35	2.20	2.12	2.03	1.94	1.84	1.73	1.60
120	3.92	3.07	2.68	2.45	2.29	2.18	2.09	2.02	1.96	1.91	1.83	1.75	1.66	1.61	1.55	1.50	1.43	1.35	1.25
	6.85	4.79	3.95	3.48	3.17	2.96	2.79	2.66	2.56	2.47	2.34	2.19	2.03	1.95	1.86	1.76	1.66	1.53	1.38
∞	3.84	3.00	2.60	2.37	2.21	2.10	2.01	1.94	1.88	1.83	1.75	1.67	1.57	1.52	1.46	1.39	1.32	1.22	1.00
	6.63	4.61	3.78	3.32	3.02	2.80	2.64	2.51	2.41	2.32	2.18	2.04	1.88	1.79	1.70	1.59	1.47	1.32	1.00

注：$\phi > 30$ で，表にない F の値を求める場合には，$120/\phi$ を用いる 1 次補間により求める。

出典：森口繁一，日科技連数値表委員会編，『新編 日科技連数値表―第 2 版』，日科技連出版社，2009 年。

付表6　r表

$\phi, P \to r$

$$P = 2\int_r^1 \frac{(1-x^2)^{\frac{\phi}{2}-1}dx}{B\left(\frac{\phi}{2}, \frac{1}{2}\right)}$$

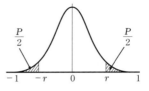

（自由度 ϕ の r の両側確率 P の点）

ϕ \ P	0.10	0.05	0.02	0.01
10	·4973	·5760	·6581	·7079
11	·4762	·5529	·6339	·6835
12	·4575	·5324	·6120	·6614
13	·4409	·5140	·5923	·6411
14	·4259	·4973	·5742	·6226
15	·4124	·4821	·5577	·6055
16	·4000	·4683	·5425	·5897
17	·3887	·4555	·5285	·5751
18	·3783	·4438	·5155	·5614
19	·3687	·4329	·5034	·5487
20	·3598	·4227	·4921	·5368
25	·3233	·3809	·4451	·4869
30	·2960	·3494	·4093	·4487
35	·2746	·3246	·3810	·4182
40	·2573	·3044	·3578	·3932
50	·2306	·2732	·3218	·3542
60	·2108	·2500	·2948	·3248
70	·1954	·2319	·2737	·3017
80	·1829	·2172	·2565	·2830
90	·1726	·2050	·2422	·2673
100	·1638	·1946	·2301	·2540
近似式	$\dfrac{1.645}{\sqrt{\phi+1}}$	$\dfrac{1.960}{\sqrt{\phi+1}}$	$\dfrac{2.326}{\sqrt{\phi+2}}$	$\dfrac{2.576}{\sqrt{\phi+3}}$

例　自由度 $\phi = 30$ の場合の両側5%の点は0.3494である．

出典：森口繁一，日科技連数値表委員会編，『新編 日科技連数値表—第2版』，日科技連出版社，2009年．

【参考・引用文献】

1) 細谷克也編著：『【新レベル表対応版】QC 検定受検テキスト 2 級』，日科技連出版社，2015 年

2) 細谷克也編著：『【新レベル表対応版】QC 検定受検テキスト 3 級』，日科技連出版社，2015 年

3) 細谷克也編著：『【新レベル表対応版】QC 検定受検テキスト 1 級』，日科技連出版社，2016 年

4) 「品質管理セミナー・ベーシックコース・テキスト」，日本科学技術連盟，2018 年

5) 「品質管理セミナー・入門コース・テキスト」，日本科学技術連盟，2018 年

6) JIS Z 9020-2：2016「管理図—第 2 部：シューハート管理図」

索　　引

【英数字】

1つの母分散の検定・推定　72

1つの母平均の検定・推定（母分散既知）
　　60，63，65

一つの母平均・推定（母分散未知）　68

2水準直交配列表　115

2段サンプリング　6

2つの母集団の母平均の差の検定・推定
　（母分散未知）　75

3シグマ法　118，120

3水準直交配列表　115

C_p　36

C_{pk}　37

F表　49

F分布　48，49

QC七つ道具　118，132

R管理図　121

r表　141

Shewhart, W. A.　120

t表　46

t分布　43，45

　　——表　142

$\overline{X}-R$管理図　120，121

$\overline{X}$管理図　119

z変換　142

χ^2表　48

χ^2分布　43，47

【あ行】

あわてものの誤り　58

安定状態　120，125

異常原因　120

　　——によるばらつき　129

異常値　27

一元配置実験　83，85，88，89

伊奈の式　107，114

因子　82，85，87

上側確率　23，48，49

上側管理限界　123

【か行】

カイ2乗分布　43，47

回帰係数　143，146

回帰式　134，135，145

回帰直線　134，150

回帰による平方和　147

回帰による変動　150

回帰分析　143，133

解析用管理図　128

外挿　146

各水準における母平均の推定　94

確率分布　8，12

確率変数　8，12

確率密度関数　12

仮説　52，55

片側確率　47

片側仮説　55，60

片側規格　36

片側検定　55，58，59

かたより　36，37

　　——を考慮した工程能力指数　37

完全ランダム化実験　114

索　引　163

管理状態　120
管理図　118，119，120
　——の見方　125
管理線　123
管理用管理図　128
棄却　56
棄却域　55，59，61，67，69，73，
　77，141
規準化　21
期待値　8，9，13
　——の性質　9，13
基本統計量　24，26
帰無仮説　55，58，66，69，73，
　76，141
共分散　11，14，15
寄与率　147，150
偶然原因　120
　——によるばらつき　120，129
区間推定　56，63，68，71，74，78
組合せ条件における母平均の推定
　107
繰返し　87
　——のある二元配置実験　85，88，
　97
　——のない二元配置実験　97，109
群　118，119
　——内のばらつき　121
　——の大きさ　121
　——の数　121
群分け　121，128
傾向　126
系統サンプリング　6
計量値　18
　——の検定の種類　65

検出力　56
検定　52
　——の目的　54，60，66，70，72，
　76，141
検定結果　62，67，70，74，78，
　142
検定統計量　60，61，66，67，69，
　70，73，76，77，141，142
効果　82
交互作用　85，98
交互作用効果　88，98
構造式　141
工程能力　25，36
工程能力指数　25，35，36
交絡　98，110
誤差　3，83，88

【さ行】

最小二乗法　134，144
採択　55
三元配置実験　88
残差　143，150
　——と説明変数の散布図　151
　——の時系列プロット　151
　——のヒストグラム　151
　——平方和　143，147
散布図　132，135，136
サンプリング　3
　——誤差　6
サンプル　2，5
下側確率　23
下側管理限界　123
実験計画法　82，86，87
実測値　142

重回帰分析　132, 133
周期的なパターン　126
自由度　28, 45, 46, 92, 104,
　112, 146
シューハート　118, 120
集落サンプリング　6
主効果　83, 87
試料相関係数　132, 141
信頼下限　63
信頼区間　57, 63
　——の幅　68
信頼上限　63
信頼率　57, 63
水準　83, 87
　——数　83, 87
推定　52, 56, 63, 67
数値表　19
正規分布　18, 21
　——の確率密度関数　21
　——表　23
制御因子　114
正の相関　11, 132
積和　133
切片　146
説明変数　134, 143
相関　132
相関関係　132
相関係数　11, 132, 136, 141
相関分析　132, 135
総平方和　147
層別　129
　——サンプリング　6
総変動　150
測定誤差　6

【た行】

第1種の誤り　56, 58
第1種の過誤　58
第2種の誤り　56, 58
第2種の過誤　58
対立仮説　55, 58, 66, 69, 73,
　76, 141
田口の式　107, 114
多元配置実験　84, 88
単回帰分析　133, 135
単純ランダムサンプリング　6
中央値　24, 26
中心線　123
直交配列表　115
　——による実験　115
強い相関　132
データの構造　83, 90
　——式　101, 110
点推定　56, 63, 67, 71, 74, 78
点のちらばり方のクセ　125, 126
点の並び方のクセ　125, 126
統計的管理状態　120
統計量　24, 26, 44
特性　132
特定の水準における母平均の差の検定
　96
独立　10, 15
トレンド　127

【な行】

二元配置実験　84, 85, 88, 97

索　引

【は行】

外れ値　27, 132, 137, 151
範囲　29, 121
標準化　19, 21
標準正規分布　19, 21, 22
標準偏差　14, 24, 29
標本　2, 5
プーリング　106
プール　106
不可避な原因によるばらつき　120
負の相関　11, 132
不偏分散　24, 28
ブロック因子　114
分割法　115
分散　8, 9, 13, 14, 28
　──の加成性　15
　──の加法性　10, 15
　──の性質　9, 15
　──の比の分布　48
分散分析　147
　──表　92, 104, 112, 147, 148
分布　8
平均値　26
平方和　27, 47, 91, 103, 111,
　133, 146
　──の分解　145
偏差　9, 24, 27
　──平方和　24, 27
偏差値　19
変動係数　25, 34
変量因子　88, 114
母集団　2, 3, 5
母数　18
　──因子　88, 114

母相関系数　141

母標準偏差　14
母分散　14, 18
　──が既知　60
母平均　13, 18, 5
　──の一様性　86
ぼんやりものの誤り　58

【ま行】

見逃すことのできないばらつき　120
無限母集団　5
無相関　11, 130
メディアン　24, 26
目的変数　134, 143, 144

【や行】

有意　55
有意水準　55, 61, 66, 69, 73,
　77, 141
有限母集団　5
有効繰返し数　107
有効反復数　107
要因　82, 132
弱い相関　132

【ら行】

乱塊法　114
ランダムサンプリング　3, 6
両側確率　46, 47
両側仮説　55, 60
両側規格　36
両側検定　55, 58, 59
連　125
連続型確率変数　12, 13

著者紹介

竹士　伊知郎　（ちくし　いちろう）

1979年　京都大学工学部卒業，㈱中山製鋼所入社.
　　　　金沢大学大学院博士後期課程修了，博士（工学）.
現　在　QM ビューローちくし 代表，（一財）日本科学技術連盟
　　　　嘱託，関西大学 非常勤講師，南海化学㈱ 顧問.

　1982 年より（一財）日本科学技術連盟にて品質管理セミナーの講師，運営委員をつとめるなど，品質管理・統計分野の講義，指導，コンサルティングを行っている.
　主な著書に，『QC 検定受検テキストシリーズ』，『QC 検定対応問題・解説集シリーズ』，『QC 検定模擬問題集シリーズ』（いずれも共著，日科技連出版社）など.

学びたい 知っておきたい 統計的方法
— まずは はじめの一歩から —

2018 年 7 月30日　第 1 刷発行

著　者　竹士　伊知郎

発行人　戸羽　節文

発行所　株式会社 **日科技連出版社**

〒 151-0051　東京都渋谷区千駄ヶ谷 5-15-5
DS ビル

電　話　出版　03-5379-1244
　　　　営業　03-5379-1238

検　印
省　略

Printed in Japan

印刷・製本　河北印刷株式会社

© *Ichiro Chikushi 2018*
URL http://www.juse-p.co.jp/

ISBN 978-4-8171-9648-4

本書の全部または一部を無断で複写複製（コピー）することは，著作権法上での例外を除き，禁じられています.